概念设计

叶强 著

中国建筑工业出版社

序 ——建筑意义的概念设计
PREFACE

概念是哲学和逻辑对所有知识之基本单元的定义，所谓任何事物都有其一定的基本概念。概念作为意义的载体，是理论思考的基本起始点，当我们在理论层面要讨论任何事物时，一般都需要先做概念的定义。尤其是，概念的表述涉及不同语言和专业语汇的问题，这也是多数理论性研究所需讨论概念问题的内容。

因造物而进行的设计，必然要拥有某种思想的内容，这也就与概念发生了关系。而概念设计，自然是指为造物的思想提供基本的起点，所谓设计的"基本概念"。

对于概念设计，也许可以有许多不同的理解。而我以为，若是将设计作为造物的思想体系构成过程来看，也即设计的过程阶段性来判断；概念设计，正是作为整个复杂的设计过程之起始阶段。

作为造物的设想与计划，设计工作是一种耗费大量思维、研究的过程。由于造物本身的复杂，而必然导致过程的繁复。建筑，正是相对于其他造物（如家具、器皿、衣物等）来讲，是比较复杂的一种造物。因此，建筑设计的全过程也必然是比较漫长而复杂的。这种过程，也必然意味着相当大量的思想活动的表达，讨论与交流。于是，这种起始阶段的概念的建立，对整个设计起到了引领性作用，也具有整个设计成败的决定性意义；这种使得再复杂的造物与设计都必须要有的一个"灵魂"，在我看来就是所谓的"概念设计"。

正是由于建筑设计过程的复杂而漫长，尤其是带有城市和环境的大尺度范围的建筑设计问题，一般需要由多个阶段和层次来组成整个过程；又因为建筑设计本身复杂程度的区别，而使得所分的阶段、层次以及所涉及的工种数量有所不同。如一个小型建筑大约在两、三个设计阶段以及三、四个工种即可，而复杂的项目可以分为十几个阶段、几十个工种，时间上的差异更是明显。然而，不论阶段和层次分得如何细碎，参与的工种如何繁多，总体来看有首、尾两个端部阶段是不可或缺的。所谓的尾部阶段，对于建筑设计来讲，指的是施工图设计阶段，工地指导建造的阶段，总之，是最终实现整个设计的阶段。而首部阶段，正是概念设计。也正是由于建筑设计教学与研究，是以训练学生的建筑设计基本能力为核心的，设计过程的前端自然成为训练为主体。于是，建筑设计教学中对概念的讨论与概念设计的专题训练，就成为必然。那么，这种起始阶段的概念设计的基本任务和特征是什么？

在建筑设计的过程中经常会有概念的讨论："什么是这个方案的基本概念？""这个概念的合理性是什么？""这个概念如何发展？"等等，其实这些都是与概念设计有关的一些特征。当然，既然作为概念设计，是强调了对概念生成的专项研讨的设计活动。要为整个设计方案生成一个有效的基本概念，这就成为概念设计的

基本任务。而所谓的概念的生成，若要经得起思辨性的推敲和各方面的验证，则必然是理性的。所以，我们可以说，概念设计的基本任务是理性的生成基本概念。正因为这种生成基本概念的需要，建筑师需要根据设计任务的实际情况分析归纳为合理的设计问题，将此问题作为基本的思维出发点，针对性地调动各方面的专业知识与技能来进行分析，在此基础上创造性地引导出设计的概念。因此，以问题出发的分析思维，应该成为概念设计的特征。当然，找到合理的问题确实成了概念设计思维原点。问题的合理性，也往往会成为概念设计成败的关键判断。

在当今中国的建筑界与相关的设计界，充满着大量的对概念和概念设计的误解，大致看来有几种现象：一是将概念作为无中生有的东西，可任由设计者随意想象东西，俗称为"拍脑袋"出来的灵感。生成过程毫无任何逻辑理性可讨论，而概念的判断当然就以评价者的主观好恶来决定，这种局面加之中国特有的权力集中的决策机制之国情特征，使得概念成为全无理性的却又决定方案成败的阴魂。当然，也会发生概念因此而被别有用心者炒作的现象；二是概念设计的过程也成为片断性的堆砌、前后无必然的联系，概念的生成过程成为一种跳跃性的思维游戏，犹如"脑筋急转弯"，撞大运似的"来无踪、去无影"。这种前提下，当然也难以让公众对建筑设计方案之初始概念，产生合情合理的共识。取而代之的是期望设计者的神奇能力，一些成功的建筑师也乐意在媒体的鼓噪下，以明星的面貌来让人们迷信其"神来之笔"的概念。更有甚之的是，这种建筑设计的概念虚幻、盲目之现象，加上了一些地产商的商业炒作，使得一些建筑项目发展过程产生虚假概念横飞的现象。这种不健康的建筑发展是一种社会现象，由多种社会因素综合导致而成。但是，在建筑与城市设计的专业层面对概念的误解，还是其中重要的缘由。

因此，在中国当今大学的建筑设计教学中进行概念设计的研究与探讨，应该是十分必要的工作。叶强老师，在其长期从事的设计教学中不断坚持了这项有意义的研究，并取得了长足的进步与成果：从偶然的兴趣到专一投入的研究、探讨，从竞赛的获奖到专项研究论文的发表；他已将概念设计的研究心得总结为："觉"、"识"、"悟"、"行"，从设计概念萌发的问题原点到具体的概念设计之操作，一一叙述；这正是他将概念设计作为其教学与研究的一个特殊领域，辛勤地耕耘而获得今天这样可喜可贺的研究成果。本书必将有利于建筑设计的学子们的学习，也必定有利于建筑学术交流的教师们之参考与研讨。

赵辰

2011 年 11 月于宁

前言
FOREWORD

概念设计是阳春白雪的。每当我们偶尔看到设计竞赛中晦涩难懂的主题词、看到声势浩大的国际国内概念设计投标、看到具有自上而下概念主题和特征的各种措施和活动时，感觉到它好像是高深莫测的。

概念设计又是下里巴人的。每当我们时常看见越陈越香的老概念重生、看到旧瓶装新酒的老概念新解、看见新瓶装新酒的新概念新解、看见酒瓶装饮料的假概念另解时，又感觉到它好像是平易近人的。

我们处于一个快速发展的时代，信息化进一步推动了"快速"这个概念渗入到我们的生活和工作之中，带来了快乐、满足和成就感的同时也带来了忧虑、迷茫和虚幻感。

我们还处于一个全方位消费的时代，信息化同样使概念就像商品一样与我们的工作和生活息息相关，带来了价值、文化和意义的同时也带来了物欲、掩饰和歧义。

如何才能在这个概念横流的年代既保持阳春白雪、又不拒下里巴人；既创造快速的奇迹、又保证消费安全，认识和研究概念设计是不错的选择之一。作者尝试以一个概念设计主动消费者的角色与被动消费的读者一起共同感觉和认识概念设计，共同分享和认同悟道的快乐和行为的意义。与此同时，还希望能够一起在这纷繁复杂的概念世界面前看出概念的名义背后的意思，与你相视一笑来面对所有的概念现象。

概念设计分为概念和设计两个部分，分属于思维和行为两个最本质的人类活动层面。概念既是思维活动过程中使用的主要元素之一，也是大脑对接受的信息进行有效处理，从而认识事物本质和规律的主要元素之一。概念既影响了思维主体的思维和行为，也影响了信息接受主体的认识和判断。设计是一种社会属性的人类行为，既是设计人的一种意志行为，也是从设计作品信息接收人处实现行为目的和意义的主要途径之一。

思维是人脑对客观现实的反映，行为是指受思维支配而表现出来的外表活动。由思维到行为需要经历感觉、认识、悟道三个过程，感觉是认识的初级形式，认识是觉悟的思想基础，悟道是决定了行为的方向和方式。最后，大脑综合感觉到的现象、认识到的特征和觉悟到的规律来指导人的行为，实现由思维到行为的转换。

目录
CONTENTS

觉 —— 概念现象

感觉是认识的初级形式

在词语、概念和符号等信息源刺激的基础上，大脑对接受的信息有效地进行储存、选择、控制、计算、逻辑加工等处理，从而认识和描述客观事物的性状、时序、方位、因果联系乃至更深层的本质和规律，将感性认识提高到理性认识。[1]

"水晶宫"展览馆（Crystal Palace）
1851 年
英国伦敦海德公园举行的世界博览会"水晶宫"
展览馆（Crystal Palace）
设计人帕克斯顿（Joseph Paxton）

萨伏伊别墅（Villa Savoy）
1923 年
勒·柯布西耶（Le Corbusier）
提出"房屋机器"概念

预制装配式建筑的新纪元
水晶宫

采用工业化方法大规模生产的房屋
住房是居住的机器

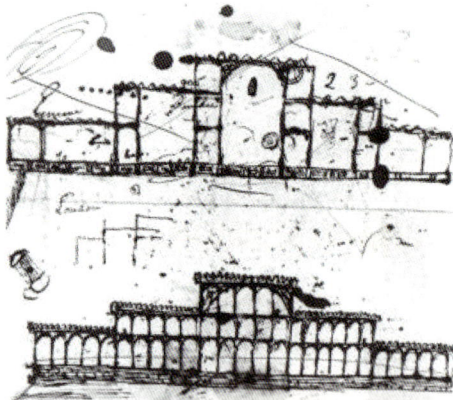
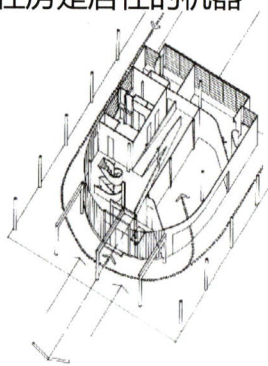
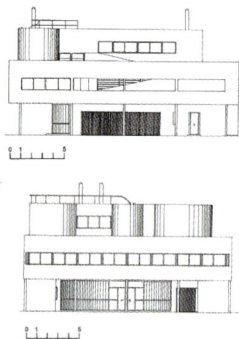

1	7	
2	3	10

4	5	11	13
6	12		

居住单位
现代化城市构成的基本单位

少就是多
形式不是目的，只是结果

马赛公寓
（Unit d'Habitation at Marseille）
1947 年

巴塞罗那博览会德国馆（Barcelona Pavilion）
1929 年
密斯·凡·德·罗（Mies Van der Rohe）
建筑与时代紧密联系

柏林爱乐音乐厅　悉尼歌剧院（Sydney Opera）
（Philharmonie Hall, Berlin）　1957 年
1956 年　约翰·伍重（John Utzon）
沙龙（Hans Scharoun）

音乐在其中　实现了一个不成熟的概念
音乐的容器　迎风的帆船

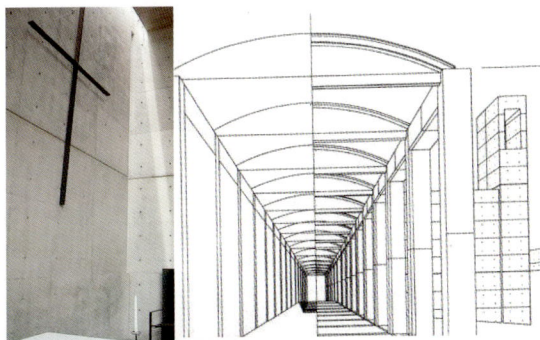

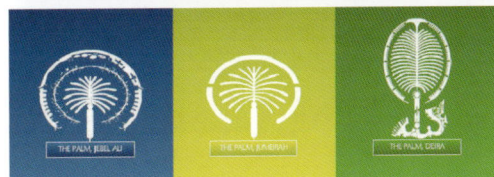

14	20
15	21
16 17	22
18 19	23

神圣的空间　世界岛

当绿化、水、光和风根据人的意念从原生的自
然中抽象出来，它们即趋向了神性

光、水、风之教堂　迪拜棕榈岛
Church of light, Church on the Water
安藤忠雄（Tadao Ando）

7

24 | 25
26 | 27

 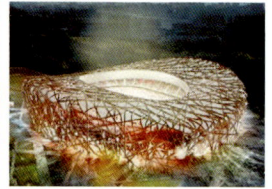

海之梦　鸟巢与水立方

孕育生命的"巢"，更像一个摇篮，寄托着人类对未来的希望
水与建筑的结合，水在泡沫形态下的微观分子结构经过数学理论的推演

福建长乐海滨度假村　　　2008 年
1988 年
齐康

五粮液大厦　沈阳方圆大厦

 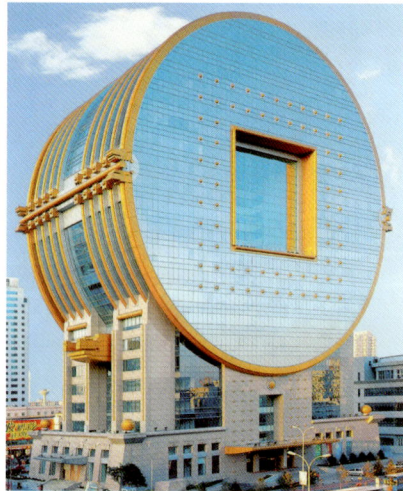

28 | 29
30 | 31

河北燕郊北京天子大酒店　　"白宫"（某市政府办公楼）

建筑的概念是
类型、风格、形式的描述

1871年　1898年
欧文（R. Owen）　霍华德（Ebenezer Howard）

农业公社　公社联盟　政府消亡　共产主义　　亦城亦乡　返回自然
协和新村（village New Harmony）　　田园城市（Garden City）

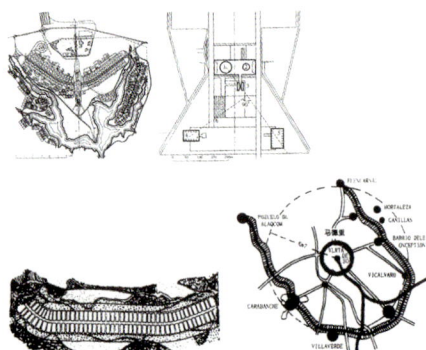

工业城市（Industrial City）　　带型城市（Linear City）
大工业发展的需要　　依赖交通　限制宽度　无限延长
1898年　1882年
加尼埃（Tony Garnier）　索里亚（Arturo Soriay Mata）

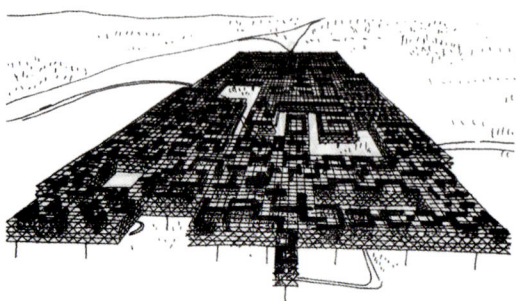

空间城市（Space City）　行走城市（Walking City）

插入城市（Plug-in City）　仿生城市（Arco-logical City）

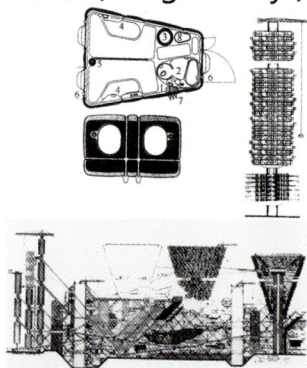

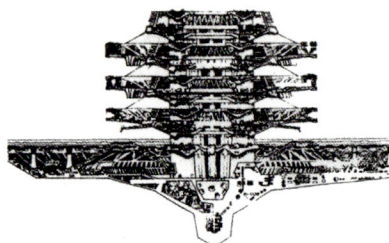

2008 年奥运园区

龙形

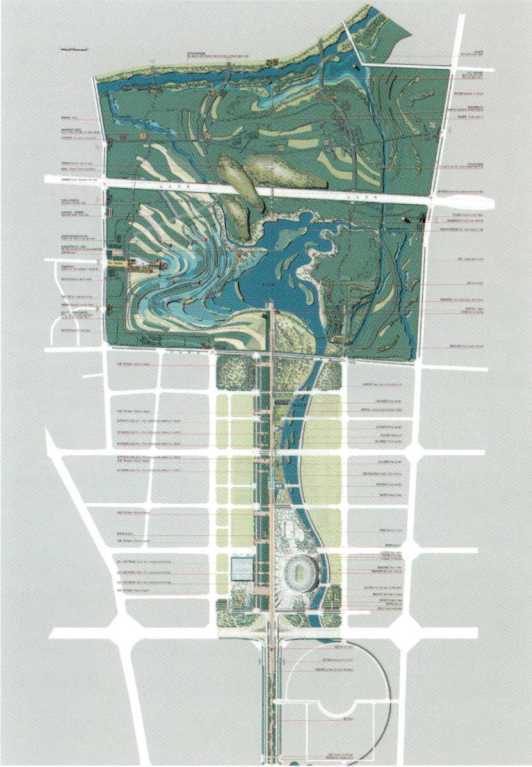

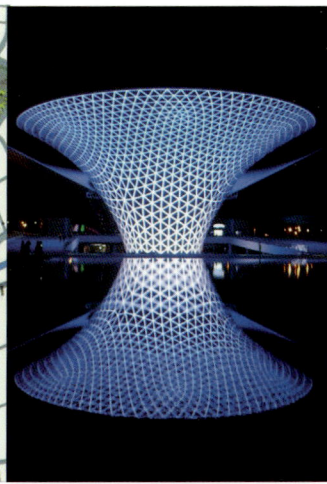

EXPO 2010
SHANGHAI CHINA

42	43
44	
45	46	47 48

2010 年世博园区
城市让生活更美好

我们真的要、真的有这么多 CBD 吗？

CBD

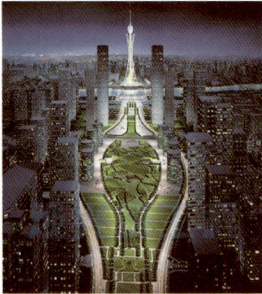

广州　　　　　北京　　　　　上海　　　　深圳

宜昌

CBD 区域鸟瞰图

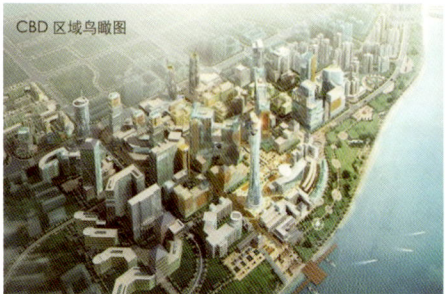

宜宾

中国　　广东　惠州
奥地利　哈尔斯塔特

49	50	51	52
53		54	
55	56		57
58	59		

欧陆风情小镇

不是欧洲胜似欧洲？

某市党校

党徽建筑
用形式表忠心

60 61
62
63 64

世界地图
用梦包围世界

某市行政文化中轴线核心

与意大利无关　公园里不在公园里
托斯卡纳　公园里

65	71	72
66	67	73

68	69	74
70	75	

米兰春天　公爵·欧洲城
不是春天的米兰　既没有公爵，也不在欧洲

CBD 区域鸟瞰图

城市的概念
是理论、现实、未来的总结

意大利广场（Plazza D'Italia）　纽约中央公园
美国新奥尔良　　　　　　　　　New York Central Park
1978 年　　　　　　　　　　　1873 年
穆尔（Charles Moore）　　　　奥姆斯特德及沃克斯（Frederick Law Olmsted
和 Calbert Vaux）

怀念、激励活动的地方　纽约的后花园

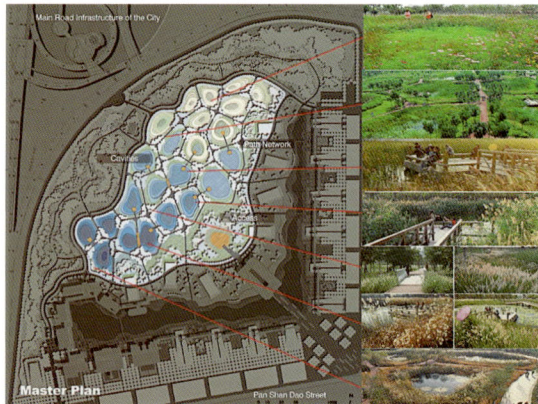

76	83
77	84
78	79	85
	80	
81	82	86

绿荫里的红飘带　天津桥园
中国红　适应性调色板

2006 年　2010 年
俞孔坚　俞孔坚
中国红
一个本应该出现在长沙橘子洲的飘带

将一个典型的劳作菜园变成一个
美丽动人并可稍作歇息的场所
屋顶的城市农场

为树木创造了集合美学
可持续发展，历史，生命等的独特展示方式
树的博物馆

87	94	96
88	95	97
89		
90		98
91	93	
92		99

纽约高线公园
使荒草碧连天的老旧铁路线
变身为美不胜收的高线公园

流动花园
综合园林艺术和科学技术
使园林景观和建筑融为一体

中国西安国际园艺博览会

拙政园 个园

100	111	113
101	102 / 103	112	114
104	115	116
105	106	117	118
107	109	119
108	120
110	121	122

留园 网师园

景观的概念
是意境、自然、文化的体现

2002 年
中国朗科公司

让汽车由贵族走向大众　小与大的和谐统一
福特 T 型车　U 盘存储器

苹果手机（Iphone）　苹果电脑（Ipad）
重新定义了手机的功能　给更广阔的设计界设定了方向

2007 年　2010 年
乔纳森·伊夫　乔纳森·伊夫（Jonathan Ive）

虚无（Emptiness）
看似空无一物，却能容纳百川
将简约推向极致

2002 年
原岩哉
无印良品的概念

130	131	132
133		

产品的概念是
功能、时尚、商业的结合

作品

134 136
135 137

1980 年
罗中立

衣食父母，尊重人性　印象中下楼的裸女
父亲　下楼的裸女

金字塔　鸟

2005 年　1999 年
岳敏君　叶永青

1988 年　2011 年
吴为山

138 140
139 141

打结的手枪　孔子雕像

自由女神雕像　青年毛泽东艺术雕塑

1876 年　2009 年
纽约 自由岛　黎明
橘子洲

第二次握手　庐山恋
手抄本的春天　中国电影第一吻

1980 年　　1980 年
董克娜、谢芳、康泰　黄祖模、张瑜、郭凯敏

1980 年　　1984 年
谢晋、施建岚、王馥荔　林海音、吴贻弓、沈洁、张丰毅

爱情与人性的扭曲　芳草碧连天
天云山传奇　城南旧事

高山下的花环　秋菊打官司
新时期最可爱的人　法与情的迷茫

1984 年　　1992 年
谢晋、斯琴高娃、唐国强　张艺谋、巩俐

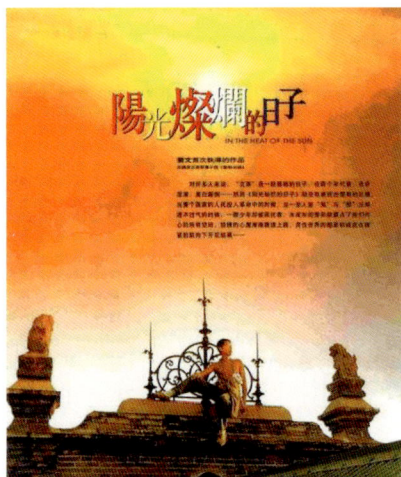

阳光灿烂的日子
阳光灿烂与沉渣四浮
纯洁无暇与良知缺失

甲方乙方
一部在现实和虚构之间自由切换的电影

1994 年
姜文、夏雨、宁静

1997 年
冯小刚、葛优、刘蓓

1999 年
张艺谋、章子怡、郑昊

2005 年
陈凯歌、张东健、真田广之
张柏芝、谢霆锋

初恋的回忆
我的父亲母亲

"一个馒头引发的血案"？
无极

旭日阳刚　女子十二乐坊

26

朱自清 1938 年
毛泽东

自然的力量　时间的力量
《荷塘月色》《背影》　《论持久战》

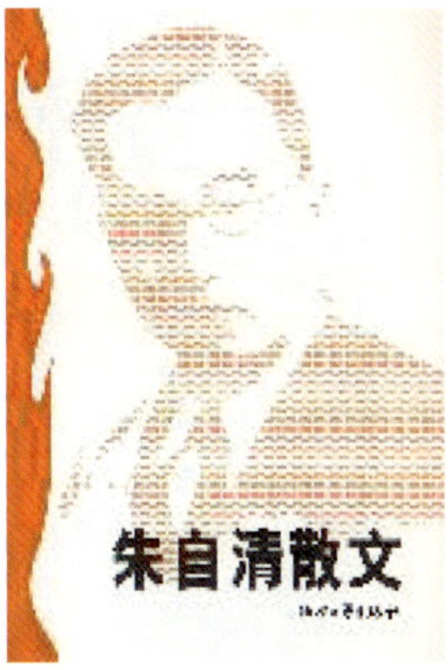

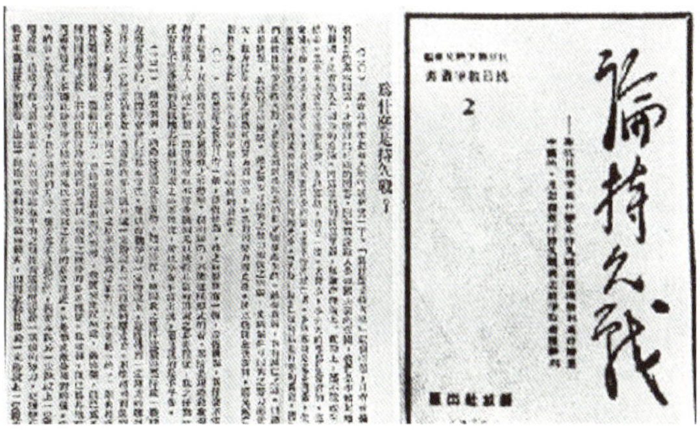

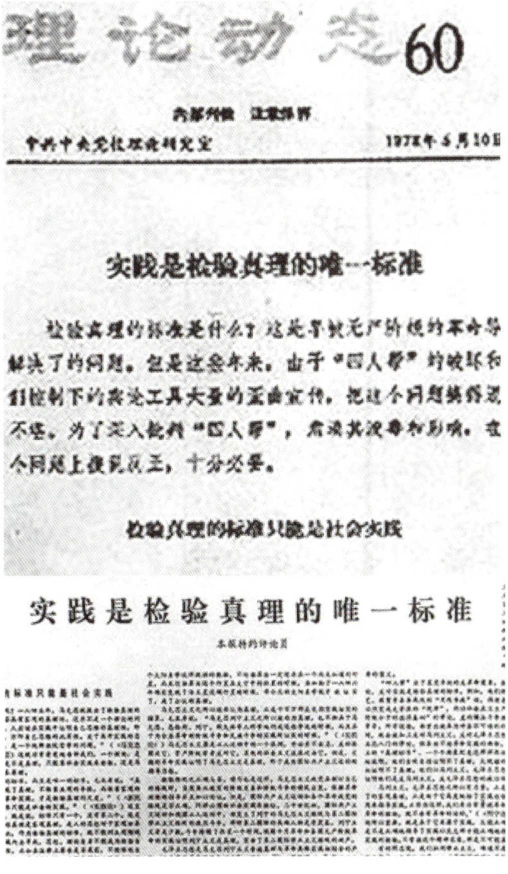

朱自清散文

论持久战

理论动态 60

实践是检验真理的唯一标准

实践是检验真理的唯一标准

《实践是检验真理的唯一标准》　《不管黑猫白猫，捉到老鼠就是好猫》
真理的力量　实话的力量

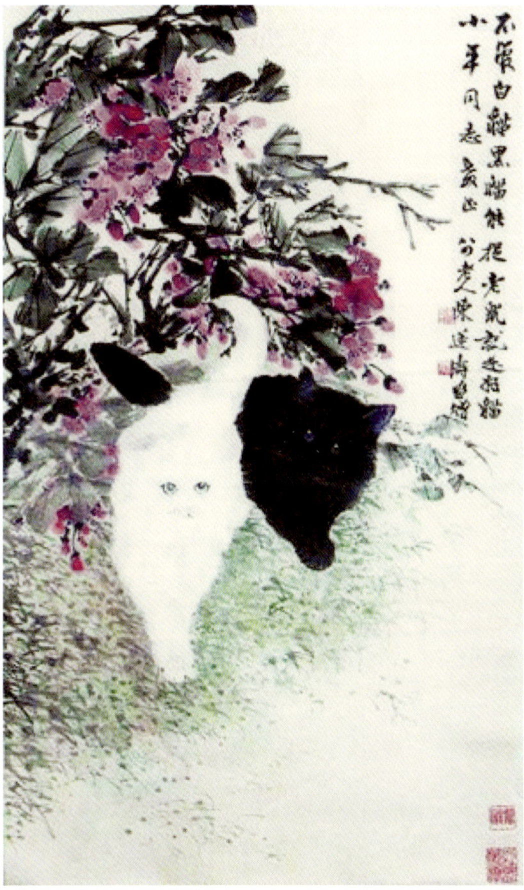

1978 年　1978 年邓小平
《光明日报》特约评论员　社会思维的一副清醒剂
一句口号，改变了中国人的生活

作品的概念是
文化、艺术和内涵的直观描述

节目

达人秀　1998 年
Britain's Got Talent　刘蕾、汪涵、杨乐乐
America's Got Talent　运用娱乐化的方式，给未婚男女提供一个表现
一夜之间成就普通人的　自己、寻找缘分的机会
金钱与地位，荣耀与梦想

演不惊人死不休　国内最早的电视婚恋交友节目之一
达人秀　玫瑰之约

《玫瑰之约》

快乐大本营
全民娱乐

1997 年

活动

2004 年
张艺谋
一次演出的革命
一次视觉的革命

山水实景演出
印象刘三姐

西门庆故里 **一座叫春的城市**
野百合也有春天 没有最雷的只有更雷的

2010 年 2010 年
山东省阳谷县、临清县和安徽的黄山市 宜春政府网站首页广告语
争做"西门庆故里"

164
165
166 167

节目和活动的概念是
文化搭台和经济唱戏的最好诠释

SENCE

措施

《关于严厉打击刑事犯罪活动的决定》　平安重庆
公判大会、判刑公告、游街示众
口号：可抓可不抓的，坚决抓；
　　　可判可不判的，坚决判；
　　　可杀可不杀的，坚决杀。

严厉打击严重经济犯罪和

严重危害社会治安的犯罪　黑与白的较量

严打　重庆扫黑

168　171
169
170

打四黑除四害

严打"黑作坊"、"黑工厂"、"黑市场"、"黑窝点"
以保民平安、为民除害

政策

1978 年　1982 年
邓小平　邓小平

进一步解放人民思想
建设有中国特色的社会主义

解放和发展社会生产力　和为贵
改革开放　一国两制

西部大开发　中部崛起 两型城市
东西平衡　平衡支点

1999 年　2004 年

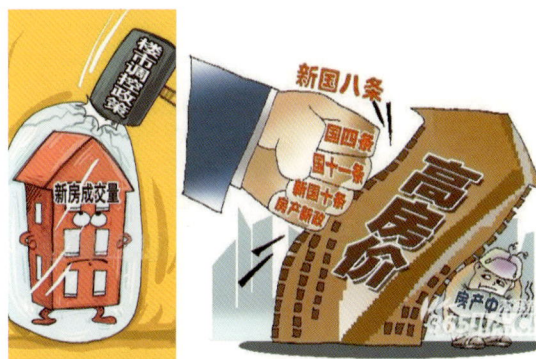

国八条 新国八条 国十条
沪九条 京十五条
房地产与国民经济
多方博弈

2010 年

措施和政策的概念是
符号化的时代轨迹

识 —— 概念特征

认识是觉悟的思想基础

概念既是思维活动过程中使用的主要元素之一，也是大脑对接受的信息进行有效处理，从而认识事物本质和规律的主要元素之一。概念既影响了思维主体的思维和行为，也影响了信息接受主体的认识和判断。透彻地认识概念特征就可以很好地理解概念的内涵和意义。

归类

由设计者提炼主题词

由设计者提炼主题词或带有主题意义的短语和语句，也就是一个具体的或者具有某种明确意义的概念。

概念

文字：词、短语、语句。

词义：通俗、具象、直白、深奥、抽象、含蓄、模糊。

概念内涵和外延

内涵为种子，外延为长出的东西。同样的种子，因不同的环境，人为的保护不同，长出的东西就不同。没有外延的概念是虚假的概念。

概念的内涵就是概念对事物的特有属性的反映。概念的外延就是具体的、具有概念所反映的特有属性的那些事物。

在设计中所用的概念内涵反映设计特有属性有明确和不明确之分，反映属性不明确的概念内涵的外延就会不具体、也不反映概念表示特有属性的事物，也就是说内涵这个种子长出的是另外的东西，或者说概念的内涵与外延反映的不是同一事物。这种情况的产生分为两种可能：一种是无意为之，一种是有意为之。无意则使概念的接受者与创造者产生不一样的概念意义，即产生对概念内涵理解的歧义；而有意则是概念的创造者意图掩饰概念本来的内涵，让接受者产生创造者所希望的内涵和外延。而明确反映属性的概念则是种瓜得瓜、种豆得豆，概念接受者与创造者将产生同样的概念内涵和外延，概念的意义将会被很好地认识和理解。

围绕概念和内涵和外延展开的系列措施

广而告之：用各种手段让概念路人皆知。

统一思想：让接受与创造者对概念的认识一致。

深入学习：让概念词和意义深入人心。

积极推行：概念从思维转化为物质的必由之路。

大部分的概念是用词和短语来表达，但语句表达的多为带有某种意义的概念。

词：红色
短语：黄色
语句：绿色

概念集合　文字归类

表格1

水晶宫	住房是居住的机器	居住单位	少就是多	音乐的容器	迎风的帆船	神圣的空间	世界岛	海之梦	鸟巢
水立方	五粮液	天子	方圆						
协和新村	田园城市	工业城市	带型城市	空间城市	龙形	城市让生活更美好	CBD	欧陆风情	
意大利	纽约中央	红飘带	拙政	留	个	网师			
T型	U 盘	Iphone	Ipad						
父亲	下楼的裸女	金字塔	鸟	打结的手枪	孔子	自由女神	毛泽东		
庐山恋	天云山传奇	第二次握手	高山下的花环	秋菊打官司	霸王别姬	阳光灿烂的日子	甲方乙方	我的父亲母亲	无极
荷塘月色	论持久战	实践是检验真理的唯一标准	不管黑猫白猫，捉到老鼠就是好猫						
女子十二乐坊	旭日阳刚								
印象刘三姐	一座叫春的城市	西门庆故里							
严打	重庆扫黑								
改革开放	一国两制	西部大开发	中部崛起	两型城市	国八条	新国八条	国十条	沪九条	京十五条

表格2

水晶宫	住房是居住的机器	居住单位	少就是多	音乐的容器	迎风的帆船	神圣的空间	世界岛	海之梦	鸟巢
水立方	五粮液	天子	方圆						
协和新村	田园城市	工业城市	带型城市	空间城市	龙形	城市让生活更美好	CBD	欧陆风情	
意大利	纽约中央	红飘带	拙政	留	个	网师			
T型	U 盘	Iphone	Ipad						
父亲	下楼的裸女	金字塔	鸟	打结的手枪	孔子	自由女神	毛泽东		
庐山恋	天云山传奇	第二次握手	高山下的花环	秋菊打官司	霸王别姬	阳光灿烂的日子	甲方乙方	我的父亲母亲	无极
荷塘月色	论持久战	实践是检验真理的唯一标准	不管黑猫白猫，捉到老鼠就是好猫						
女子十二乐坊	旭日阳刚								
印象刘三姐	一座叫春的城市	西门庆故里							
严打	重庆扫黑								
改革开放	一国两制	西部大开发	中部崛起	两型城市	国八条	新国八条	国十条	沪九条	京十五条

表格1 ｜ 表格2
表格3 ｜ 表格4

表格3

水晶宫	住房是居住的机器	居住单位	少就是多	音乐的容器	迎风的帆船	神圣的空间	世界岛	海之梦	鸟巢
水立方	五粮液	天子	方圆						
协和新村	田园城市	工业城市	带型城市	空间城市	龙形	城市让生活更美好	CBD	欧陆风情	
意大利	纽约中央	红飘带	拙政	留	个	网师			
T型	U 盘	Iphone	Ipad						
父亲	下楼的裸女	金字塔	鸟	打结的手枪	孔子	自由女神	毛泽东		
庐山恋	天云山传奇	第二次握手	高山下的花环	秋菊打官司	霸王别姬	阳光灿烂的日子	甲方乙方	我的父亲母亲	无极
荷塘月色	论持久战	实践是检验真理的唯一标准	不管黑猫白猫，捉到老鼠就是好猫						
女子十二乐坊	旭日阳刚								
印象刘三姐	一座叫春的城市	西门庆故里							
严打	重庆扫黑								
改革开放	一国两制	西部大开发	中部崛起	两型城市	国八条	新国八条	国十条	沪九条	京十五条

表格4

水晶宫	住房是居住的机器	居住单位	少就是多	音乐的容器	迎风的帆船	神圣的空间	世界岛	海之梦	鸟巢
水立方	五粮液	天子	方圆						
协和新村	田园城市	工业城市	带型城市	空间城市	龙形	城市让生活更美好	CBD	欧陆风情	
意大利	纽约中央	红飘带	拙政	留	个	网师			
T型	U 盘	Iphone	Ipad						
父亲	下楼的裸女	金字塔	鸟	打结的手枪	孔子	自由女神	毛泽东		
庐山恋	天云山传奇	第二次握手	高山下的花环	秋菊打官司	霸王别姬	阳光灿烂的日子	甲方乙方	我的父亲母亲	无极
荷塘月色	论持久战	实践是检验真理的唯一标准	不管黑猫白猫，捉到老鼠就是好猫						
女子十二乐坊	旭日阳刚								
印象刘三姐	一座叫春的城市	西门庆故里							
严打	重庆扫黑								
改革开放	一国两制	西部大开发	中部崛起	两型城市	国八条	新国八条	国十条	沪九条	京十五条

词义归类　内涵和外延明确性归类

通俗、具象、直白：红色
深奥、抽象、含蓄：黄色
模糊：绿色

内涵和外延明确：红色
内涵和外延不明确：黄色

大部分的概念的词义是通俗、具象和直白的，目的是让接受者看到概念词就能够直接地反映出概念的意义。深奥、抽象和含蓄的概念词义往往具有深刻的内涵的美好的意义，让人产生美好的联想和遐想。而词义模糊的概念既容易让人产生歧义，也不容易理解概念的意义。

看来大部分概念的创造者还是希望概念有明确的内涵和外延，而不明确的情况各有不同，有些是无意为之，有些则显然是有意为之。

特征

从 概念产生的途径来看——由概念设计者通过个人提炼而成。

从 概念的内涵外延来看——内涵和外延有明确和不明确之分。

从 概念产生的时代来看——明确的概念现代多于近代和古代。

从 应用概念的领域来看——按照中国的产业划分来看，概念应用主要集中在第二、第三产业；按照新的六个产业分类法来看，除第一产业外，其余五个产业都有广泛应用。

中国的产业划分

第 一产业：农业、林业、畜牧业、渔业。

第 二产业：工业和建筑业。

第 三产业：流通部门、服务部门。

新的六个产业分类

第 一产业：农业和采掘业——直接获取自然资源。

第 二产业：制造业与建筑业——对获取的自然资源进行加工和再加工。

第 三产业：流通产业（包括物流、贸易、餐饮、金融、信息传输等）——流通所有产业有形和无形的产品。

第 四产业：简单服务业和技术服务业（包括医疗、维修、装潢、美容美发、歌舞厅、体育等）——直接利用自然资源、工业产品、智慧产品，结合利用人自身的生物和物理资源（包括人体、体力和技能）提供服务，满足人（或者人的生物财产，如宠物）自身的生理、物理、心理等需要。

第 五产业：智慧服务业（智慧产业，包括咨询、策划、广告、文艺、科学、教育等）——直接获取和利用人自身的智慧资源，满足人或机构在知识、文化、技术等方面的需要。

第 六产业：公共行政与其他公共事业。

原因

从概念产生的时代来看——明确的概念方面现代多于近代和古代——信息传播技术、方法、途径、规模、层次、速度都有了很大的变化。

从概念的文字来看——以2到4个字为主的词和短语——让受众群体更容易记忆深刻。

从概念的词义来看——以通俗、具象和直白为主，字数以2到4个字为主——让受众群体更容易接受，产生共鸣和联想。让受众群体更清楚地表述要开展的工作。

从概念的内涵和外延来看——以明确的内涵和外延为主——受众群体更容易接受和理解，更清楚地表述要开展的工作。

从应用概念的领域来看——按照中国的产业划分来看，概念应用主要集中在第二、三产业；按照新的六个产业分类法来看，除第一产业外，其余五个产业都广泛应用——更便于评估、总结和服务

UNDERSTAND

效果

概念有恰当与不恰当——是否恰如其分

| 179 | 180 |
| 181 | |

内涵有丰富与不丰富——是否表里如一

| 182 | 183 |
| 184 | 185 |

外延有具体与不具体——是否真假难辨

| 186 | 187 |
| | 188 |

表达有充分与不充分——是否通俗易懂

| 189 | 190 |
| 191 | 192 |

效果有一致与不一致——是否风马牛不相及

| 193 | 194 | 195 |
| 196 | 197 | |

消费

许多学者认为，当代消费主要是意义消费。如果说概念是现代消费和生产者—消费者关系的中心的话，那么对概念意义的控制同样也是关系中权利分布的中心……生产者试图将意义商品化，也就是说他们想把概念和符号变成可以买卖的东西。另一方面，消费者试图赋予买来的商品和服务以自己的、新的含义。[2]

生产、消费与市场：创造概念的人是概念的生产者，接受概念的人是概念的消费者，市场则是概念作为商品交换，也是实现概念意义和价值的场所。

设计是一种社会属性的人类行为，既是设计人的一种意志行为，也是从设计作品信息接收人处实现行为目的和意义的主要途径之一。概念的生产者和接受者的行为和目的的一致性决定了概念消费的意义。

概念设计类似于生产者在引导消费市场，概念通过载体（如设计、产品、活动、措施等）获得概念创造者希望的各种超过载体本身价值的价值和意义。苹果系列产品是解释这种现象最佳的例子。这个市场既是卖方市场，生产者引导的消费的市场具有一定的卖方市场特点，概念的生产者处于一种主动的地位，接受者则处于比较被动的位置。有时概念的消费者会被概念所引导而实现概念创造者赋予的意义，同时也获得其超值部分的价值。但也越来越呈现买方市场的特点，概念过剩和泛滥使得概念的消费者产生了审美疲劳和信任危机，概念和载体的价值正在呈现急剧下降的趋势。

在概念消费的市场中没有"三包"措施，没有消费者保护协会。只有依赖概念生产者的血管里流着道德的血液，希望概念的消费者都有一双慧眼，把这纷扰的概念世界看个清清楚楚、明明白白。

EPIPHANY

悟 —— 生成道理

觉悟是感觉和认识的目的
也是行为的指引

方法论是人们认识世界、改造世界的一般方法，是人们用什么样的方式、方法来观察事物和处理问题。概括地说，世界观主要解决世界"是什么"的问题，方法论主要解决"怎么办"的问题。在感觉概念现象和认识现象特征的基础上，我们形成了对概念设计"是什么"的世界观，但这些概念是如何形成，概念的设计方法和内在规律才是我们真正要探究的内容。

广义设计
与
设计方法

从历史发展和科学成果的角度来看，方法论可以归纳成以下三种的模式：

■□ 哲学的普遍性方法论
□□

它既是世界观也是方法论，是关于认识和改造客观世界根本方法的学说，是自然界最简练、阐明最普遍规律的学说。

■■ 横向的综合性方法论
□□

它是认识和改造多元横向学科根本方法的学说，是综合阐明各种学科共性和一般规律的学说。现代设计方法就是认识和改造一切涉及设计与分析的科学领域方法论。

■■ 专业的微观性方法论
□■

它是认识和改造某一专业学科根本方法的学说。随着人们认识的深化，微观性方法可能发展成为综合性的方法论。

横向的综合性方法是方法论中的媒介，它既发展、丰富与证明了哲学的普遍性方法论，又直接指导着专业的微观性方法论的探索。现代设计方法是软科学与交叉科学的兴起的产物，它是思维与方法、技术与哲学、自然与社会、个体与群体的广角和多元的交叉。

广义设计的概念是指通过分析、创造和综合达到某种特定功能系统的一种活动过程，也包括思维的过程。建筑设计、城市规划或风景园林是三个不同方向和内容的学科，设计方法可以属于三种专业的微观性方法，应用横向综合性方法可以将它们内在的一般性规律和学科共性提炼出来，充分发挥现代设计方法的优势。

概念设计

■□ 概念设计的定义
□□

1984 年，帕尔（Pahl G）和贝茨（Beitz W）在其《Engineering Design》中提出的"Conceptual Design"一词主要是针对工业设计领域，他们认为，"在确定任务之后，通过抽象化，拟定功能结构，寻求适当的作用原理及其组合等，确定出基本求解途径，得出求解方案，这一部分设计工作叫做概念设计"。《现代设计辞典》中将"构思设计"与"概念设计"等同，这个阶段包括了资料收集、理想化分析、实际分析、构思的形成和发展。《设计词典》把"概念设计"归纳为一种以形象进行设计描述，设计构思不拘泥于具体的设计形式；它企图凭借新观念和新构思，进行一种理想化的设计描述，以求在其中诞生新的设计类型。它于 20 世纪 60 年代始发于意大利，又称为"观念设计"。受到"观念艺术"中某些精神的影响，"概念设计"也像"观念艺术"抛开物质因素那样抛开技术因素，以无拘无束的全方位探索和自由的表现创意为宗旨。

隐喻主义是概念设计的早期形式，主要表现为一种对空间意义的描述。建筑师通过隐喻来传达意义，强调建筑的意义、符号、符号功能及文脉，这种建筑学领域早期形成的设计方法主要以符号为基础、把建筑作为语言对待、把建筑要素和构件作为词汇来形象化描述建筑的意义。

在城市设计方面，概念设计表现为一种模式和观念。《建筑十书》中提到的"理想城市"、霍华德提出的"田园城市"、赖特提出的"广亩城市"等都是一种理想城市的概念模式，这种模式包含了设计师以图形模式对城市选址、形态、布局、气候、资源，以及人类生活、产业、生态、服务和交通方面的构思和想法，其中还包含了设计师对社会发展、生态环境、土地资源和生活方式的一种观念，这种概念设计的方法描述了一个更加广泛意义上的空间。

■■命题设计——简单的概念设计方法——以2003 年日本国际设计竞赛获奖作品为例

●○命题设计

设计很像写一篇以任务书为内容和目标的作文考试，只是这个考试有时是命题作文，有时是命意作文，只有文字或图片等内容，命意作文需要设计师根据内容去自拟题，然后再自圆其说。

命题作文审题的一般规律是：文题是句子的，句中的动词往往是"题眼"。如：《我最喜欢的一个人》，题眼是"喜欢"。文题是一个短语的，在短语中起形容修饰作用的词语，就是"题眼"。如《暑假里的一天》，题眼是"暑假里"，限制了所写事件的大的时间范围。文题是一个词的，这个词本身就是"题眼"。 审题还有一个关键的内容，就是弄清文题对行文限制。很多文题对时间、空间、数量、人称、内容等提出限制，规定范围，作者必须严格地在规定的范围内作文。审题的范围、方法和要求也各有不同。因此，不可忽视审文题，以避免文与题不符，形成所谓的下笔千言，离题万里。

命意作文的一般规律是：首先，提炼主题，就是运用各种思维方式，立足全部材料，开掘事物本质，摒弃表象，开掘事物的内在含义，反映事物的本质及其规律性。其次，站在时代的高度，洞察事物本质，加深开掘深度；作者还要考虑不同文体的表达功能。最后，选取新颖独特的观察角度和认识角度，表达出作者独到的见解。

命题设计简单地说就是：有题目的用一个自拟题目来解题，没有题目的用自拟题目来总结和回答题目内容。这样可以最明了地回应出题人的要求，达到让出题人和其他阅读者感觉、认识和接受的目的，以取得这篇"作文考试"的好成绩。

2007 年高考湖南卷作文题目

请联系自己的生活与感受，以"诗意地生活"为题，写一篇不少于 800 字的议论文或记叙文。

注意：(1) 注意题目中的"地"字。(2) 不得抄袭。

2008 年高考湖南卷作文题目

"天街小雨润如酥，草色遥看近却无。"根据韩诗中你读出的意境和哲理写一篇议论文或记叙文。题目自拟，字数800 左右。

注释
命题连接词：用以连接命题的关联词叫
命题连接词，或连接词。例如"并非所
有的人都是善良的"、"只有财富增加了，
才能改善人民的生活"中的"并非"、"只
有，才"等连接命题的关联词就是连接词，
含有连接词的命题称为复合命题，不含
连接词的命题称为简单命题，例如"李
白是诗人"、"有些物体不是导电体"等。

●●命题设计的逻辑学解释——逻辑是概念设计
的语言表达结构形式

命题是逻辑学上表达判断的语言形式，即用陈述句表达的对事物有所判断和真假之别的思考。陈述句是表达命题的语言方式，命题是陈述句的思想内容。命题依据其是否含有命题连接词可分为简单命题和复合命题，不含命题连接词的命题称为简单命题，含有命题连接词的命题称为复合命题[3]。

我们如果把项目要求、甲方的需求、竞赛的主题看成是"A"，"B"是作品要形成的核心概念，也是对"A"的回答和解释，上述"B是A"就是简单命题结构。对主题"A"的理解和研究至关重要，而"B"概念则是作品能够准确解题的核心。在设计初期，如何得到既符合提出主题方的要求、又可以与主题之间形成命题结构的概念是保证思考和解题方向正确的关键。

从逻辑学的角度来看，概念是思维形式最基本的组成单位，是构成命题、推理的要素。概念的形成分为两个阶段，即抽象概念和具体概念阶段。从事物表象中抽象出最简单的事物的规律就形成理论的概念，对理论概念进行分析并结合事物的多维性及边界条件后，则上升为丰富而深刻的概念总体或概念系统，也就是具体概念。一个具体概念是很多概念所构成的有机联系概念总体，概念的发展是由抽象到具体的发展，抽象概念是起点，具体概念是总结[4]。因此，作品的核心概念应该是一个从抽象概念出发、由具体概念总结的一个发展过程。

在2003年的设计竞赛中，竞赛题目中最重要的概念是"'觅母'病毒"（meme virus），根据1998年版《英国牛津英文字典》对"meme"的解释，"meme"是一种通过非基因方式尤其是以模仿方式进行传递的文化元素（An element of a culture that may be considered to be passed on by non-genetic means, esp. imitation.）。最初形成的概念是用"文化是建筑病毒或'觅母'病毒"的命题。其中"文化"是一个抽象的概念。对抽象"文化"概念的总结和归纳后，选择了中国最具代表性的哲学思想与传统空间为基础，以"'有'、'无'空间"具体概念，描述了他们之间的发展、传承关系和相互影响，最终解释和总结了"文化是建筑病毒"的命题。虽然是一个国际竞赛，由于设计命题与竞赛主题之间较为清晰的逻辑关系，使异国的评委能够从这个简单的命题结构和表达内容中完整地理解作品的核心思想。

●●○命题设计的思维学解释——概念设计是思维过程的物质表现形式

要获得核心概念，创新是必不可少的思维方式。创造性思维是反映事物本质属性及内在、外在的有机联系，具有新颖广义模式的一种可以物化的思想心理活动，创新思维具有主动性、目的性、预见性、求异性、发散性、独创性和突变性的特征，创新思维的过程大致分为准备、假设和成果三个阶段[5]。准备阶段是孕育、提出、实践和文献研究的过程；假设阶段是一个对研究对象形成多种正反两方面的假设，再不断否定和形成新的假设的过程；成果阶段经过概括和验证，得出比较成熟的成果。

命题设计方法可以提高设计人员的创造力和综合能力。创造力是产生某种新颖、独特、有社会或个人价值的产品的智力品质，这种产品是以某种形式存在的思维成果。创新思维是产生创造力的前提，创造力与创造活动和创新思维过程关系极为密切。应用命题设计方法可以将创新思维的物化与创造力的培养结合起来，同时，命题设计还可以将发现问题、组织问题和解决问题的过程逻辑地串联起来，形成提高设计人员创造力的动态结构。

"'有'、'无'空间"作品非常具有中国特色的图面效果在所有获奖作品中独树一帜，充分证明了"越是中国的就越是世界的"这句话的正确性。作品的表达方式在众多参赛作品中取得了较为强烈的视觉效果。

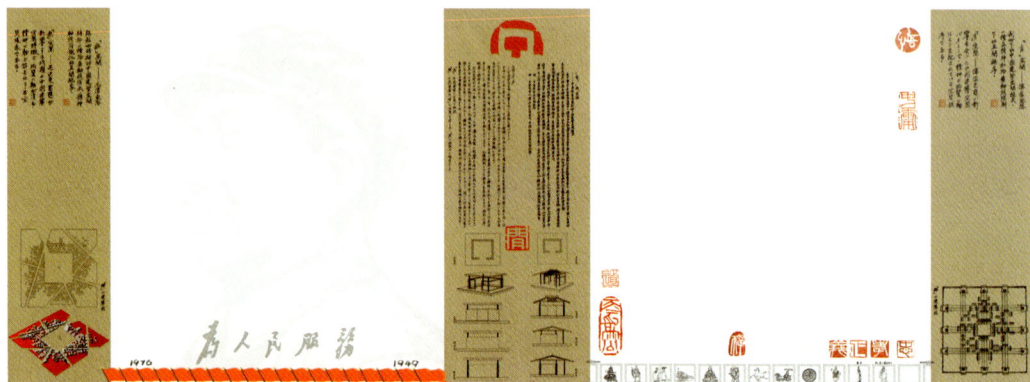

命题设计的语言学解释——语言是概念设计内涵的视觉表达方式

一个好的概念而没有好的表达方式，概念的内涵将难以被人理解和接受。凡用语言把思想"表之于外、达及他人"的，就叫表达。语言学家对于"达"字有过专门的解释，"'达'者'通'也，要能够通彼此之情才算是达"。"表之于外"的思想只有"达及他人"，才能被听众或读者认可[6]。

用语言表达思想和互相交流感情通俗地说就是交际，本质地说交际是通过指号传达意义。凡是人类社会交际中传达某种思想感情的手段和媒介物都可以理解为指号，如声音、文字、图形、视觉符号、动作等。意义就是交际者应用指号所传达的关于周围直接的内容及感情。用语词作为传达思想感情的手段的叫语词指号，语词指号具有一种特殊的性质，就是它的透义性。其他指号都是人们赋予解释后才具有意义，而语词指号与它的意义则是同时产生并直接相联系的。语词指号的透义性是指号所表达的意义无需翻译而被人们接受和理解的主要因素，语言是由语词指号构成的体系，是语词指号和语词意义的统一体[7]。因此，选择具有透义性的语词是意义能够被无障碍接受的关键。

由于是在日本举办的国际竞赛，如何解释"'有'、'无'空间"作品中的"有"、"无"和"空间"概念，以及"文化是建筑病毒或'觅母'病毒"命题中的"文化"概念，如何选择语词指号是作者必须认真考虑的问题之一。首先，作者选择了用语言、文字和符号构成一个语词指号体系，也就是设计语言来表达设计者对竞赛主题的理解。在语言方面选择了中文和日文对照的方式，并应用文字语言和图式语言共同表达意义，文字语言能够清楚的表达概念，而图式语言则更容易解释空间形象。整个图面形式中的书法和篆刻符号又共同形成另一个语词指号系统，进一步说明中国建筑师对竞赛主题的理解和作品的意义。其次，尽管作品表达的意义较为深奥和地域化，但由于作品中的具体符号都精心选择了具有透义性的语词指号，从评委主席对作品的评语中可以看出，他清楚地读懂和接受了所有语言和图形符号所表达的意义。这些具有透义性的语词指号的选择还得益于对竞赛初期竞赛评委主席坂村健博士的分析和研究。

坂村健博士为世界 IEEE 协会会员、日本东京大学著名教授，酷爱中国书法和篆刻，他所领导的研究所网站首页的标志性符号给作者留下了深刻的印象，也是决定作品采用中国传统表达方式的主要原因。

在表达空间的符号上，选择了 "间" 来说明 "文化" 影响下的中国建筑与城市空间演变，因为以木构为主的中国建筑体系中，在平面布局方面具有一种简明的组织规律，就是以 "间" 为单位构成单座建筑，再以单座建筑组成庭院，进而以庭院为单元组成各种形式的组群[8]。而中国的城市空间则由各种建筑单元和组群按照一定的秩序和规则组合而成，可以看成是一个更大规模的 "间" 系统。

所有这些符号对于喜爱和熟悉中国传统文化的竞赛评委主席坂村健博士来说显然具有透义性，因此，他能够充分地阅读和理解作品表达的概念和思想。作者从中国古代建筑空间形态和文化内涵中抽象出 "间" 符号，形象地表达了抽象的 "间" 单体与组群空间演变与传承特征，单体的 "间" 体现了空间的延续、简化和融合，失去了内外之间的过渡。"间" 组群空间则主要显示出秩序和规则的消失，延续性主要体现在组群保留了中心特征方面。两个不同时期的建筑与城市形态符号之间的传承、演变和区别则清晰地表达了文化与空间之间一种 "有无相生" 的空间现象，以及 "文化是建筑病毒或'觅母'病毒" 简单命题结构内涵。

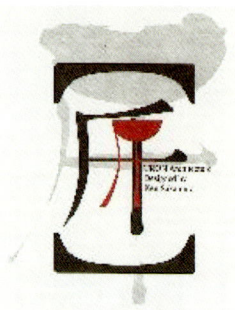

图片来源
坂村健博士 "TRON" 项目网站标志——"斗"

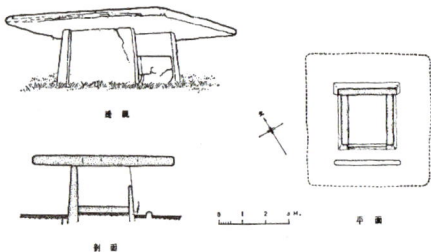

图片来源
刘敦桢，中国古代建筑史 [M].
北京：中国建筑工业出版社，
1980：29.
刘敦桢，中国古代建筑史 [M].
北京：中国建筑工业出版社，
1980：235.

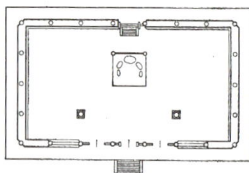

图片来源
刘敦桢，中国古代建筑史 [M].
北京：中国建筑工业出版社，
1980：282～283.
刘敦桢，中国古代建筑史 [M].
北京：中国建筑工业出版社，
1980：36.

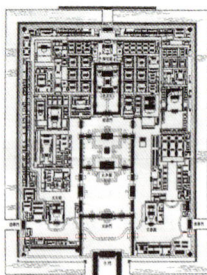

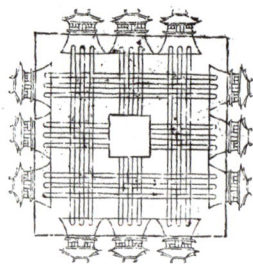

抽象 "间" 符号的演变与传承

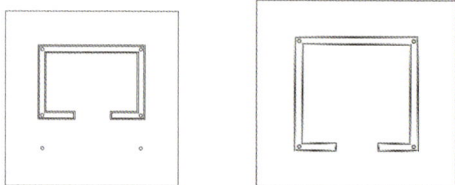

抽象 "间" 组群符号的演变与传承

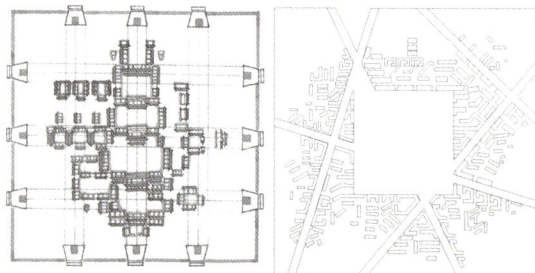

●● 设计步骤
●○

认识：认识和理解是应用的基础。

研究：背景、理论和实例研究是做好概念设计的前提。

评估：研究内容、概念方案、内在逻辑和主题词的评估是决策实施方向的关键步骤。

决策：选择概念主题词、概念内涵、表达方式和受众接受概念时应产生的效果。决策是评估的必然步骤和结果之一。

生成：概念方案、内在逻辑和主题词是主要结果。

描述：概念的语言、逻辑、文化、表达方式和视觉符号的文字描述。

设计：一个概念与内涵结合、解决问题的过程。

再评估：评估消费的效果和原因。

设计步骤

行 —— 始于足下

行为是感觉、认识和觉悟的意义

理论和实践是一个循环往复、螺旋上升的过程。理论的意义在于指导实践产生意义和价值，实践的意义在于体现理论的意义和价值，同时修改并完善理论体系。命题设计作为一种广义的概念设计方法，在各种不同的情况下的应用实现了从思维到行为的转换。过程的快感大于结果，与你一起分享具有快感行为的过程。

设计竞赛

命题设计方法可以较好地对设计竞赛和概念设计进行解题，是思维和概念物化的关键步骤之一，概念的物化是概念从思维层面向物质层面转换的过程。

概念的产生和发展是可以用逻辑语言进行记录和表达。如何对产生的概念进行表达是思维传达并被认识和接受的另一个关键步骤，其中语词和符号的选择是表达的核心。同时，思维的表达方式也是思维成果得以广泛理解和接受的重要媒介，表达方式和内容就像语言一样，其中的意义应该是能被他人所理解，而一个能概括思维成果核心内容的词或语句可以将抽象的思维内容翻译成通俗易懂的语言符号，以命题方式连接竞赛主题和作品概念，不但可以检验概念的真假、指引概念的发展方向，而且便于理顺设计思维和表达方式的逻辑关系，便于设计者与阅读者之间进行思想的交流和沟通，有利于读者理解设计作品内的涵。

注释

2003 年，本书作者的设计作品
"'有''无'空间"在日本新建筑
杂志社与 JA 举办的国际建筑设计
竞赛中获佳作奖（中国大陆地区唯一获
奖方案）。

2004 年，本书作者的设计作品"无
间距住宅"在世界建筑杂志与万科企
业股份有限公司共同举办的全国建筑
设计竞赛中获佳作奖。

2004 年，在《新建筑》杂志社举办
的第一届"华篮杯"全国大学生"U+L
新思维"设计竞赛中本书作者指导学
生的"城市贫困、生命之轻"作品获
得三等奖。

2006 年 3 月，在《新建筑》杂志社
举办的第二届"华篮杯"全国大学生
"U+L 新思维"设计竞赛中本书作者
指导学生的两份作品"簇"和"天下
无车"获得佳作奖和鼓励奖各一项。
2006 年 9 月，在由中国建筑学会与
全国高等学校建筑学学科专业指导委
员会主办的全国建筑院系大学生建筑
设计竞赛中，本书作者指导的两份作
品"人民城市人民建"和"异地故乡"
均获得佳作奖。

"有"、"无"空间
2003 年日本《新建筑》建筑设计竞赛

■□ 认识
□□

竞赛主题
建筑病毒（Architecture Virus）
任何一个建筑都不可能是完全独立产生的，事实上建筑师的作品都会受到前人作品的影响，在每个建成作品的染色体上可以看出在其孕育过程中通过建筑师的眼睛和大脑从其他建筑物上所获取的基因。既然染色体可以代代相传，那么病毒是否也是如此。按照病毒的进化理论，它不只是会带来负面的影响，那么记忆病毒会对建筑产生什么影响？

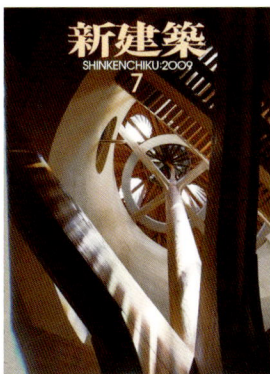

主办单位
日本《新建筑》杂志社

参赛条件
任何建筑专业人员都可以参加竞赛

时间安排
2003 年 9 月 1 日 截止报送方案
2004 年在《新建筑》杂志第 52 期上公布评选结果

图片来源：http://www.mydbuy.com

参赛作品
每项作品提交两张图纸（594mm×841mm），表现形式和比例没有限制。

奖项奖金
奖金总额为 150 万日元，奖项由评委确定

信息查询：www.japan-architects.co.jp
寄送地址：Entries Committee
          The Shinkenchiku Residential
Design Competition 2003
          Shinkenchiku-sha co., Ltd.
          2-31-2, Yushima, Bunkyo-ku,
          Tokyo 113-8501, Japan

■■研究
□□

坂村健博士

竞赛评委主席
世界 IEEE 协会会员
日本东京大学著名教授
酷爱中国书法和篆刻

病毒（virus）

病毒是介于生命与非生命之间的一种物质形式，我们可以称之为"边缘生命"。严格地说，它们是一类比较原始的、有生命特征的、能够自我复制和在细胞内寄生的非细胞生物。病毒存在于环境之中，游离于细胞之外时，不能复制，不表现生命流行性，只以一种有机物的物质形式存在。但病毒进入细胞之后，它可以控制细胞，使其听从病毒生命活动需要，表现它的生命形式。

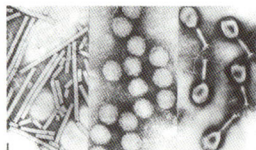

图片来源：http://www.jydoc.com

2002 年住宅设计国际竞赛

竞赛主题：Dwelling where the Muses are served/Spared emptiness

2001 年住宅设计国际竞赛

竞赛主题：Surround Data Home

中国哲学思想

中国传统空间

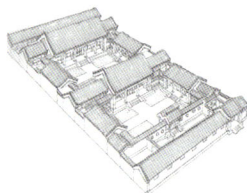

图片来源：http://hi.baidu.com　　图片来源：http://www.nipic.com

■■ 生成

"觅母"病毒（meme virus）

"meme"是一种通过非基因方式尤其是以模仿方式进行传递的文化元素（An element of a culture that may be considered to be passed on by non-genetic means, esp. imitation）。
——1998年版《英国牛津英文字典》

文化是建筑病毒

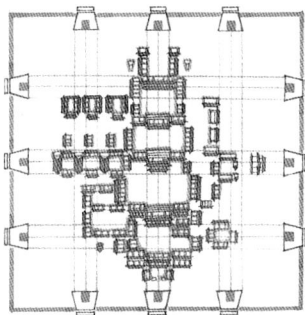

间

以木构为主的中国建筑体系，在平面布局方面具有一种简明的组织规律，就是以"间"为单位构成单座建筑，再以单座建筑组成庭院，进而以庭院为单元组成各种形式的组群。而中国的城市空间则由各种建筑单元和组群按照一定的秩序和规则组合而成，可以看成是一个更大规模的"间"系统。

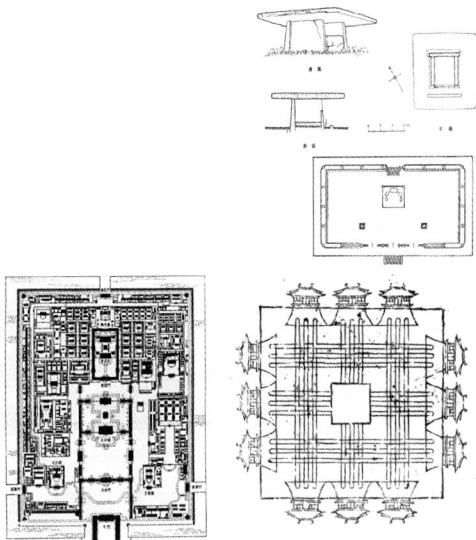

儒家思想

儒家思想将仁、义、礼、智、信奉为行为准则，中国的建筑自古就是一种精神的寄托场所和行为符号，儒家思想使建筑空间围绕着轴线、按礼制展开秩序，有强烈的等级感和精神中心。

毛泽东思想

毛泽东时代虽然只有短短的数十年时间，但使儒家思想影响下的中国人产生了一次文化基因突变，对文化的革命使中国传统空间中的轴线和礼制秩序被破除，为人民服务的思想使所有的个人行为特征消失，代之以精神化的公共行为，因此，个人行为空间以满足最基本的生理需求为限减至最小，公共行为空间极大化、精神化、符号化的特征最为强烈。

■■ 评估 决策

"有"、"无"、"空间"概念

文化是建筑病毒

"觅母"病毒（meme virus）

■■ 描述 设计
■□

"有"、"无"空间——中国哲学思想影响下的建筑空间模式。

"有"空间——儒家思想影响下的中国建筑空间模式，一种在精神和物质轴线控制下的空间秩序。
"无"空间——毛泽东思想影响时期的中国建筑空间特征，一种物质轴线消失、精神轴线符号化的空间现象。
在中国几千年的历史长河中，儒家思想和毛泽东思想对中国人意识和行为的影响最为重大，使几乎所有的中国人长时间受其感染并被广为传播，中国人大脑中的文化基因因此而产生变异，形成特有的意识、行为模式和时空观。

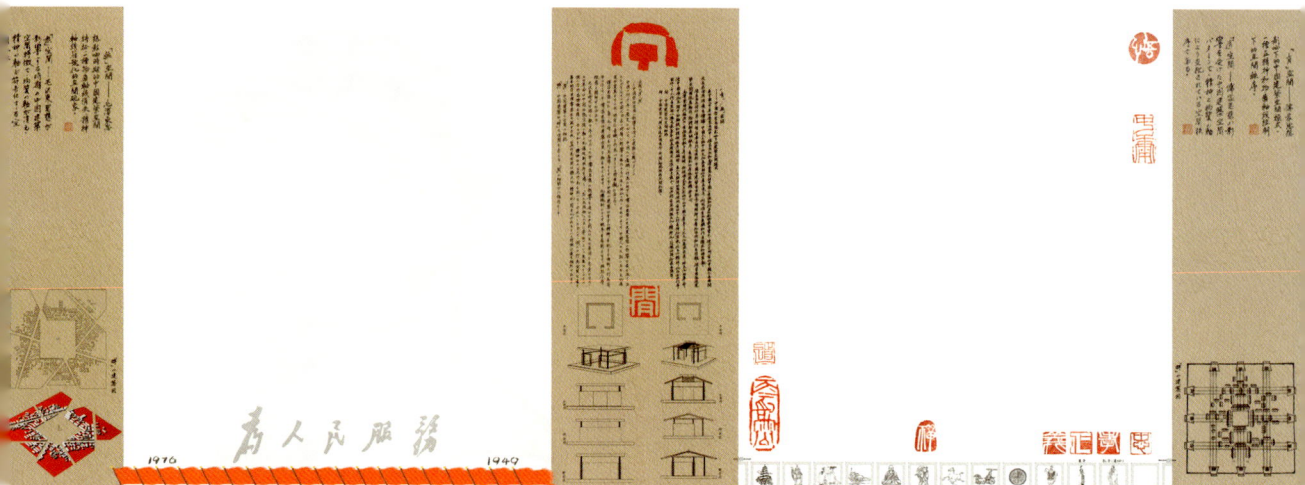

无间距住宅
2004 年万科建筑设计竞赛

■□ 认识
□□

竞赛题目
可能住宅
出题人
徐怡芳、周燕珉、王路、张纪文

竞赛要求
具有标准化生产的可能
具有扩展、重组的可能
具有多种适应性的可能（含厨房、卫生间等基
本居住生活功能，其他条件自定）

图片来源：
http://www.aitupian.com
http://cqhuangdong.b2b.hc360.com
http://www.nipic.com
http://www.nipic.com

图纸要求
具有中英文设计构思图解以及创意说明
表现方式：计算机、手绘都可
两张图版，外观尺寸为 59.4cm×59.4cm
图版背面右下角注明竞赛者姓名、单位、联系
电话、地址等联系方式并用深色不透明纸密封

竞赛条件
青年建筑师、学生、小组参赛，未多于三人

竞赛时间
报名截止：2004 年 5 月 25 日
交图日期：2004 年 8 月 10 日（以当地寄出邮
戳为准）

■■研究

评委

王建国，项秉仁，王路，张永和，朱培，马清运，Josep Lluis Mateo

主办单位

万科企业股份有限公司
《世界建筑》杂志社

图片来源：
http://qd.house.sina.com.cn
http://www.zazhipu.com

21世纪对世界影响最大的两个问题

新技术的革命
中国的城市化

图片来源：
http://www.aitupian.com
http://www.bjcaca.comhttp
http://www.hm1st.com

未来住宅宣言

让新技术革命改变我们的生活方式
让新居住模式节约有限的土地资源
所有的住宅沐浴阳光，享受自然景色
所有的人都能买得起，用得起
生产建造过程最简单
住宅能适应最多的生活方式，满足最广泛人群的需要
以最紧凑的组合方式创造出怡人的居住聚落
从空间的角度与城市融合

图片来源：
http://www.nipic.com
http://www.aitupian.com

新技术、新材料

光导纤维：通过光导纤维和太阳光收集装置将阳光和自然景色引入室内
炭纤维混凝土：高强度、轻质量
智能化纤维混凝土：根据环境状况自动调节材料的物理特性及机械装置的工作状态
导电、光致变玻璃：高强度、安全玻璃，可根据人的需要改变玻璃透光率

图片来源：
http://xxkx.cersp.com
http://www.jiagu.org

■■生成
■□

扩展与重组

体系重组　单元重组

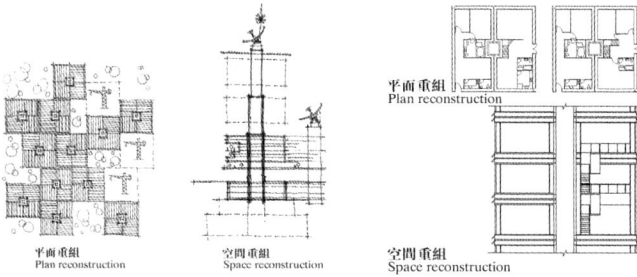

平面重组
Plan reconstruction

空间重组
Space reconstruction

平面重组
Plan reconstruction

空间重组
Space reconstruction

标准体系

基本单元　交通单元

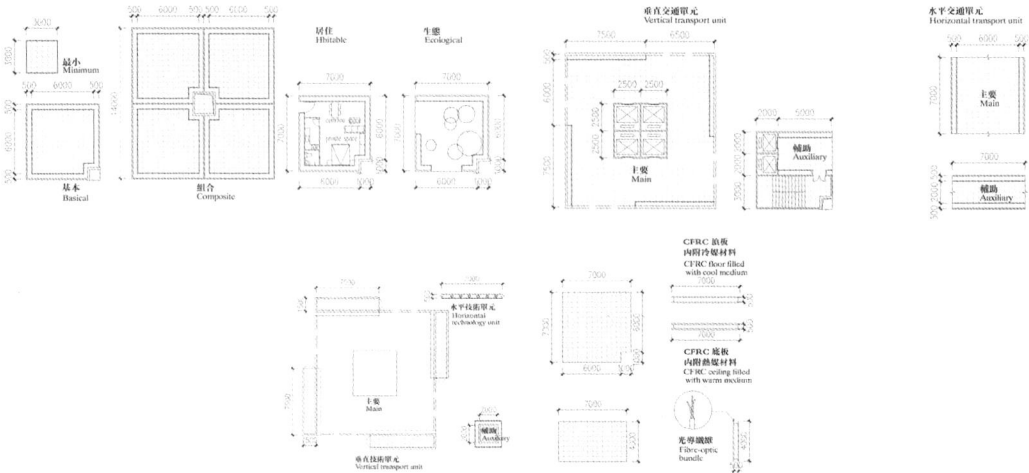

居住
Hbitable

生态
Ecological

最小
Minumum

基本
Basical

组合
Composite

垂直交通单元
Vertical transport unit

主要
Main

辅路
Auxiliary

水平交通单元
Horizontal transport unit

主要
Main

辅路
Auxiliary

CFRC 顶板
内附冷媒材料
CFRC floor filled
with cool medium

CFRC 底板
内附热媒材料
CFRC ceiling filled
with warm medium

水平技术单元
Horizontal technology unit

主要
Main

辅路
Auxiliary

垂直技术单元
Vertical transport unit

光导纤膜
Fibre-optic
bundle

技术单元　墙板单元

多适应性

基地适应　地形适应

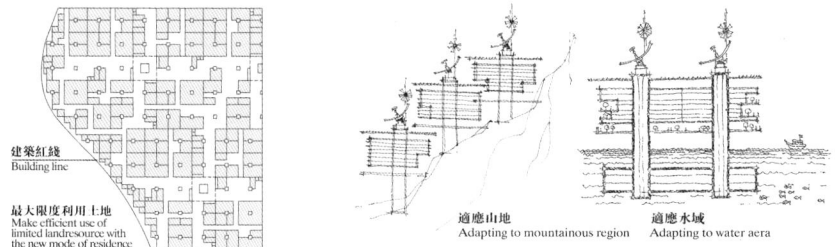

建築紅綫
Building line

最大限度利用土地
Make efficient use of
limited landresource with
the new mode of residence

適應山地
Adapting to mountainous region

適應水域
Adapting to water aera

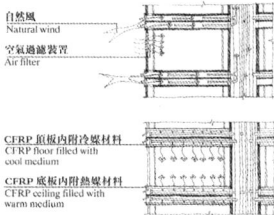

自然風
Natural wind

空氣通濾裝置
Air filter

CFRP 顶板内附冷媒材料
CFRP floor filled with
cool medium

CFRP 底板内附热媒材料
CFRP ceiling filled with
warm medium

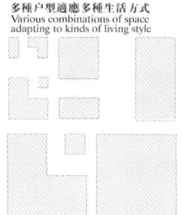

多种户型適應多种生活方式
Various combinations of space
adapting to kinds of living style

环境适应　生活模式适应

二十一世紀對世界影響最大的兩個問題:
THE MAJOR TWO THINGS WHICH INFLUENCE
DEEPEST THE WORLD IN 21ST CENTURY :

新技術的革命
REVOLUTION OF NEW TECHNOLOGY

中國的城市化
URBURNIZATION OF CHINA

——2001 年諾貝爾經濟學獎獲得者斯蒂格利茨
Joseph E. Stiglitz, the Nobel winner in economy in 2001

未來住宅宣言:
讓新技術革命改變我們的生活方式
讓有限佳模式節約有限的土地資源

**OUR PHISOLOPHY FOR
FUTURE RESIDENCE :**
TO CHANGE OUR LIVING STYLE WITH THE
REVOLUTION OF NEW-TECHNOLOGICAL
AND MAKE EFFICIENT USE OF LIMITED
LANDRESOURCE WITH THE NEW MODE OF
RESIDENCE.

- 所有待住宅沐浴陽光、享受自然景色
- 所有的人都能買得起、用得起
- 住宅建造過程和砌築最簡單
- 住宅能適應更多不同的生活方式、滿足最廣泛人群的需要
- 以最緊湊的組合方式創造出最人的居住聚落
- 從空間網的角度構築與城市融合

All housing bathed sunshine and embraced by landscape.
All housing cheap to buy, economical to use, fit to enjoy by all the people.
The simplest process of making and building.
Housing adapting to the most various living style and satisfying the
overwhelming majority people's needs.
To create the best comfortable residential village with the most
compact combinational mode.
To be in harmony with cities in space.

新技術、新材料

光導纖維	通過光導纖維和太陽光收集裝置，習將斑駁的光和自然景色引入室内
碳纖維混凝土	高強度、輕質感
智能化材料	根據環境狀況自動調節材料的物理特性及機械裝置的的工作聯結
導電、光效變玻璃	高強度、安全玻璃，可根據人的需要改變玻璃透明度

**NEW TECHNOLOGY
NEW MATERIALS**

FIBRE-OPTIC BUNDLE
Transmitting the sunlight and landscape into interior space
with the fibre-optic vidicon and the collecting sunlight installation.

CFRC
Well-strength and light stease.

SMART MATERIAL
According to the environment automatically adjust the physical
characteristics of material and the state of mechanical equipment

CHANGEABLE DIAPHANEITY OF GLASSES
DUE TO ELECTRIC AND LIGHT
Well-strength and safety glasses and changeable diaphaneity of
glasses according to our necessities.

**擴展與重組 EXPANSION AND
RECONSTRUCTION**

體系重組 SYSTEM RECONSTRUCTION

單元重組 UNIT RECONSTRUCTION

平面重組 Plan reconstruction
空間重組 Space reconstruction
平面重組 Plan reconstruction
空間重組 Space reconstruction

多適應性 MULTI-ADAPTABILITY

基地適應 SITE ADAPTABILITY
地形適應 LAND CONTOURS ADAPTABILITY
環境適應 ENVIRONMENT ADAPTABILITY
生活模式適應 LIVING STYEL ADAPTABILITY

建築紅線
Building line
最大限度利用土地
Make efficient use of
limited landresource with
the new mode of residence

適應山地
Adapting to mountainous region
適應水域
Adapting to watter area

自然風
Natural wind
空氣過濾裝置
Air filter
CFRP 地板內部冷媒材料
CFRP floor filled with
cool medium
CFRP 底板內部熱媒材料
CFRP ceiling filled with
warm medium

多種户型適應多種生活方式
Various combinations of space
adapting to kinds of living style

無間距住宅 評估 決策
NO INTERSPACE HOUSING

无间距住宅

標準體系 STANDARD SYSTEM

基本單元 BASIC UNIT
最小 Miniamum
居住 Hbitable
生態 Ecological
基本 Basical
組合 Composite

交通單元 TRANSPORT UNIT
垂直交通單元 Vertical transport unit
水平交通單元 Horizontal transport unit
主要 Main
輔助 Auxiliary
主要 Main
輔助 Auxiliary

技術單元 TECHNOLOGY UNIT
牆板單元 WALL UNIT

水平技術單元 Horizontal technology unit
垂直技術單元 Vertical transport unit

主要 Main
輔助 Auxiliary

CFRC 頂板內部冷媒材料
CFRC floor filled with cool medium
CFRC 底板內部熱媒材料
CFRC ceiling filled with warm medium
光導纖維
Fibre-optic bundle

描述 設計

以黑白圖形為主的
表達方式在絕大部
分以彩色圖面效果
為主的眾多參賽作
品中容易取得較為
強烈的視覺效果

無間距住宅
NO INTERSPACE HOUSING

平面户型 PLAN STYLE

1 單元 Unit
49m²

4×1/4 單元 Unit
12.25m²
1×1/2 單元 Unit
24.3m²
1×3/4+1×1/4 單元 Unit
36.75m² 12.25m²
4×1 單元 Unit
49m²
2×2 單元 Unit 複式一刻 1st floor
78m²
2×2 單元 Unit 複式 刻 2nd floor
78m²
3×1+1×1 單元 Unit
127m²
1×4 單元 Unit
196m²

主要交通單元
Main transport unit
次要交通單元
Auxiliary transport unit
居住空間
Inhabitation space
回、廁空間
Kitchen and toilet space
衛生間管道夾層
double-layered floor
for bathroom pipe
夾層樓板用於
下按需要布置
廚房空間
Double-layered floor
for disposing kitchen
and bathroom according
our necessities

**組合單元解析
UNIT COMBINATION ANALYSIS**

CFRP 管道井
CFRP tube well
陽光收集裝置
The collecting
sunlight installation
光導收集裝置
The collecting
sunlight installation
光導纖維
Fibre-optic
bundle
光導攝像裝置
The fibre-optic
vidicon
衛生間
Bathroom
智能材料空氣
Changeable diaphaneity
of glasses due to electric
空氣過濾裝置
Air filter
導電光效玻璃裝置
Changeable diaphaneity
of glasses due to electric
and light
光導纖維
Fibre-optic bundle
光導纖維牆
Fibre-optic wall

**未來聚落
FUTURE VILLAGE**

自然光、景色室内空間
The interior space full of
sunlight and landscape
自然光、景交通空間
Transport space full of
sunlight and landscape

**空間系統
SPACE SYSTERM**

風能發電
wind turbine
陽光收集裝置
The collecting
sunlight installation
太陽能板
solar panel
空中花園
Air garden
城市輕軌
City railway
停車
Parking
地鐵
Subway
永續門、能源垃圾地版
energy turnaround and
recycle instrument floor

"天下无车"、"簇"
2005 年 U+L 新思维设计竞赛

■□认识

竞赛主题

"集约"下的城市景观

"城市景观"已跃入城市生活的前沿，与我们的精神与日常情感呈现出日益直接的关联；而秉承着"非必需品"的传统属性，"景观"在一个全面倡导和建设"集约"型社会的城市生活中该如何确定自身的基础与作出应有的回应？

竞赛内容

某城市地段景观规划设计（面积 10hm² 左右）

关键词

景观　集约　原生　特色

参赛对象

全国高校全日制本科生、研究生（含港澳台地区）

竞赛要求

以个人和小组参赛，每小组参赛人员不超过三人

设计背景、场所自定，表现方式不限

作品要求为一号图纸（594mm×841mm）两张（不要裱板）

作者姓名用不透明方式密封于图纸背面右下角

竞赛评委会

主席：邹德慈

委员（以姓氏笔画为序）：

马武定　王建国　王向荣　王富海　尹　稚
石　楠　龙　元　刘滨谊　吕　斌　李保峰
余柏椿　金广君　周　劲　俞孔坚　赵　民
赵万民　顾朝林　黄光宇　黄亚平　雷　翔
潘　安

作品截止时间

2006 年 3 月 30 日（当日邮戳为准）

■■ 天下无车

●○ 研究

基地区位
长沙市 芙蓉区 芙蓉路

基地面积
10.8hm²

基地现状

图片来源：
http://www.iask.ca/news/china
http://www.cbt.com.cn

为车的城市
堵、挤、乱、杂、宽

图片来源：
http://www.nipic.com

为人的城市
让绿色的动脉编织我们的城市方向
让集约的骨架分离城市中的车与人
让大容量运载系统成为交通中的主角
让我们更愿意在城市中漫步
让我们回家的路更轻松

图片来源：
http://www.nipic.com

集约城市的景观
自然绿色
集约用地
各行其道
和谐共生

●●●生成

建造过程　模式比较

人的道路　车的道路

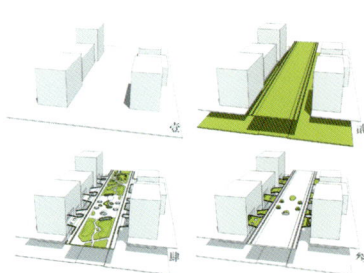

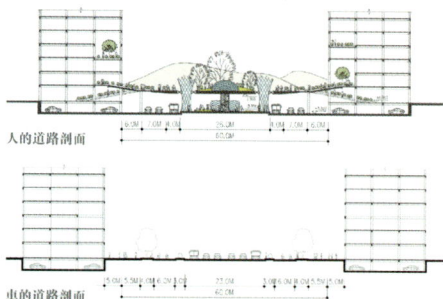

人的道路剖面

车的道路剖面

绿色畅想

自然融入城市，人行绿色阡陌

●●评估　决策

天下无车

●●描述　设计

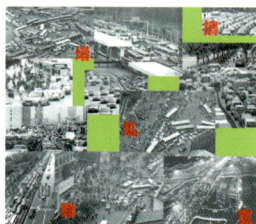

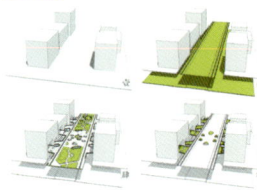

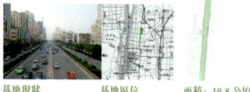

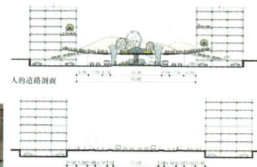

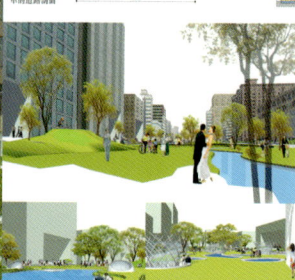

■□ 簇

●○ 研究

我们的城市
人口急剧增长，城市用地紧缺

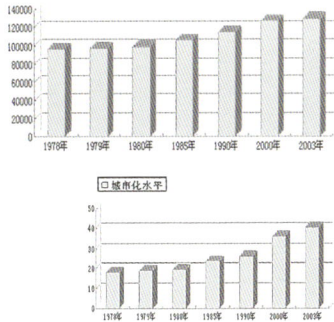

城市化率提高，城市人口密度增加，城市用地
更加紧缺

居住用地成为城市主要用地

我们的城市景观
城市景观趋同化
城市文化景观趋同化
城市建筑景观趋同化

图片来源：
http://www.nipic.com
http://www.tupian99.com

生活模式单一化
独门独户的居住空间模式不利于照顾老人
居住空间中没有交往的场所
居住空间密度增加与人的精神距离加大

图片来源：
http://news.sh.xkhouse.com
http://gz.focus.cn
http://jingzhou.bbs.house.sina.com.cn

郊区景观城市化
城市蔓延与郊区空间景观
郊区景观"板块化"

目前居住空间模式无法解决用地紧缺的矛盾
高层高密度：消耗能源和资源，邻里交往困难，
改变城市空间自然景观肌理
低层低密度：浪费土地资源，加剧土地紧缺与
人口增长之间的矛盾
多层中密度：无法高效利用土地，建筑用地密
度和人口容量低

我们的集约城市景观
集约：集约用地 集约利用高技术
提高土地的人口容量

景观：城市自然肌理景观 郊区自然聚落景观
建立新的生活模式景观

图片来源：   图片来源：
http://lacphong2000.blog.163.com http://www.nipic.com

原生
文化的原生化

特色
文化特色
景观特色 空间模式特色
技术特色 生活方式特色

图片来源：
http://www.dainiw.com

●○ 生成

簇的单元
结构标准化　户型多样化

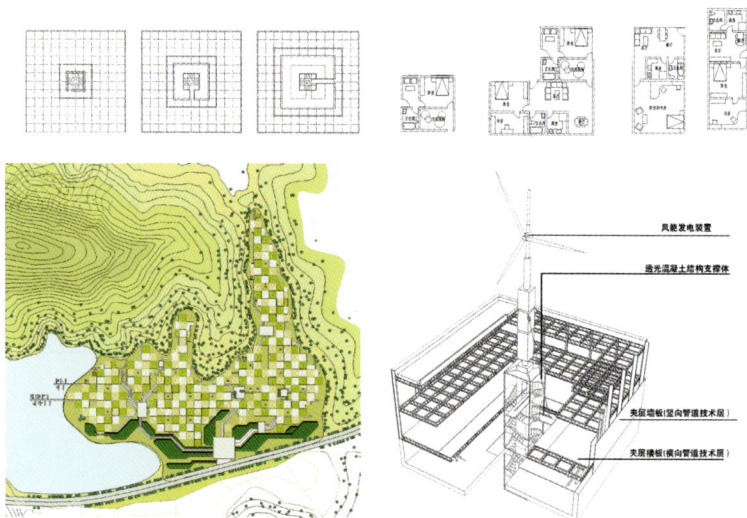

风能发电装置
透光混凝土结构支撑体
夹层墙板(竖向管道技术层)
夹层楼板(横向管道技术层)

簇的群体　簇的建构
组合多元化　充分利用信息、结构和能源技术
形态自然化

簇的交通模式　簇的空间景观
A0001　主中转中心
B0101　次中转中心

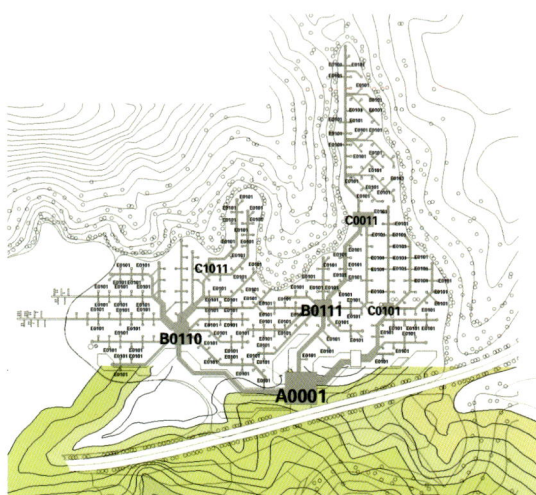

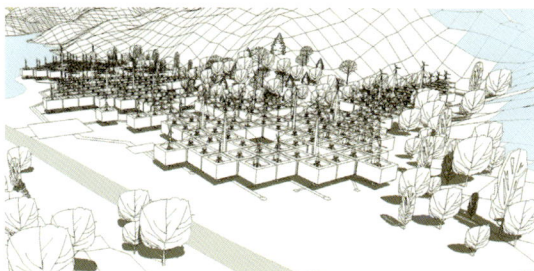

簇的场所景观

●●○ 评估 决策

簇——一种集约的景观营造模式

●●● 描述 设计

GOD MADE THE COUTRY,AND MAN MADE THE TOWN.
上帝创造了乡村，人类创造了城市。
—— **William.Cowper**

◪ 我们的城市

┗ 人口急剧增长
城市用地紧缺

┗ 城市化率提高城市人口密度增加
城市用地更加紧缺

┗ 居住用地成为城市主要用地

◪ 我们的城市景观

┗ 城市景观趋同化
城市文化景观趋同
城市建筑景观趋同

城市中心区与郊区空间景观趋同

┗ 郊区景观城市化
城市蔓延与郊区空间景观
郊区景观"板块化"与自然生态系统

┗ 目前居住空间模式无法解决用地紧缺的矛盾
高层高密度——消耗能源和资源，邻里交往困难，改变城市自然空间景观肌理
低层低密度——浪费土地资源，加剧土地紧缺与人口增长之间的矛盾
多层中密度——无法高效利用土地，建筑用地密度和人口容量低

┗ 生活模式单一化
独门独户的居住空间模式不利于照顾老人
居住空间中没有交往的场所
居住空间密度增加与人的精神距离加大

通常模式经济指标：
总建筑面积： 172800㎡   建筑密度： 16.98%
户数： 2097   容积率： 1.02

◪ 我们的集约城市景观

┗ 集约
集约的
集约的利用高技术
提高土地的人口容量

┗ 景观
城市自然肌理景观
郊区自然凝海景观
建立新的生活模式景观

┗ 原生
文化的原生化
空间景观的原生化
居住建筑用地原生化

┗ 特色
文化特色
景观特色 空间模式特色
技术特色 生活方式特色

我们希望拥有一个乡村般的城市。

簇 一种集约的景观营造模式

◪ 簇的单元 结构标准化、户型多样化

◪ 簇的建构 充分利用信息、结构和能源技术

新模式下的居住景观：
居住用地： 18.5ha   总建筑面积： 229500㎡
居住平均层数： 2.56层   容积率： 1.35
居住户数： 1837户   居住人数： 5877人
住宅建筑套密度： 136套/ha   人口毛密度： 320人/ha
绿地率： 89.9%

◪ 簇的群体 组合多元化、形态自然化

◪ 簇的交通模式

A0001 主中转中心
B0101 次级中转中心

◪ 簇的场所景观

◪ 簇的空间景观

"人民的城市人民建"、"异地故乡"
2006年全国建筑院系大学生建筑设计竞赛
■□认识

竞赛主题
更新的城市

设计背景和基地条件

背景

对某历史性城市的新、旧交接区的旧城地块
再开发。原居住者为城市普通居民，多为
1～2层高建筑物的密集旧民居（容积率约为
1～1.2）。再开发后容积率变为1.5～3，建
筑物可考虑提供原居民、移居居民和新入城居
民（随快速城市化而进入城市的居民）等使用。

基地

在城市与较新地段相邻或相近的旧城地段，由
参赛者任选其中1～2hm²。选择的基地需考虑
有待改变的下述不利因素：

安全：建筑密度及容积率过高，造成的卫生、
消防等状况欠佳。

能源：原建筑物因标准不高而在生活条件提高
过程中（如采用空调制冷、设施采暖后）对能
源的浪费和外环境的热污染等。

公共空间：原有公共空间和居民交往空间不足，
环境质量偏低。

图片来源：
http://www.nipic.com

设计要点

设计者按照以下要求进行构思，提出解决或改进
措施，同时希望能在建筑设计方案上有所体现。

建筑物及人居环境的新旧和谐：新、旧区建筑
物或建筑群体之间肌理、造型、空间的关系。

邻里关系、结构的延续和发展变化：城市新入
人群和城市原有的新旧区人群间和谐关系的保
持或形成。

生态保护和能源节省：建筑群体布局、建筑单
体的形体布置、建筑外形外观。

公共空间和市民交往空间的延续和发展。

图片来源：
http://tu.poco.cn

图纸要求

每项作品提供两张至四张参赛图纸，图纸需裱
于轻质展板上，展板外框尺寸为600×600（mm）
图面表达方式不限。

内容：能充分表达作品创作意图的总平面图及建
筑平、立、剖面图、效果图、分析图、模型照片
500字左右的设计说明（组合于图面之中）等。

设计方案的图面上需明示的基本数据。

用地所在城市名及其经纬度、建筑用地面积、
建筑总面积、建筑容积率、建筑密度、建筑绿
化率。

时间安排

报名回执请于2006年3月15日至5月30日期
间邮寄或传真至中国建筑学会。

设计方案报送截止时间：2006年8月10日（以
当地寄出邮戳为准），设计方案图板请邮寄至
中国建筑学会。

图片来源：
http://www.aj.org.cn

■■人民的城市人民建

●● 研究

基地区位

城市中心区/
Urban central district

原有校区/
Original campus

扩建校区/
Expending campus

基地位置/
Site location

基地概况

本基地位于长沙市岳麓区大学城内（北纬28°10′，东经112°56′）西北毗邻岳麓山，东侧为城市主干道以及高校的新教学区，南侧为某单位宿舍区。

基地总面积为19925.9m²，现住人口1341人，其中原住人口294人，外来生意人125人，外来学生为922人。

知识经济时代城市化特点

高等学校的发展成为城市化和城市更新的主要动力要素之一。

人口密度高、人员流动性大、流动周期性明显、人口结构年轻化和文化层次高。

高校后勤社会化推动了高校周边城市功能改变，大学生成为城市化进程中新的一类移居居民，并且成为租住高校周边住宅和商业消费的主要人群。

目前高校周边的城市功能不能很好地适应这种城市化发展的需要。

知识经济时代城市功能不能很好适应这种城市化发展的需要

高校周边土地急剧升值，不当的城市改造措施将造成原居民生存空间的丧失、土地开发利益分配不公和社会矛盾的激化。

高校招生规模扩大与学校住宿条件、学生生活个性化倾向、管理人性化之间的矛盾越来越突出，而高校周边原住民可供出租空间不足导致乱搭乱建和社区安全隐患。

原住民与移居居民（大学生）文化层次上的差异。

沟通方式和交流场所缺失是社区和谐氛围不足的主要原因。

商业功能规模小、功能单一和自发性的特点不利于社区人居环境的改善和发展。

调查问卷分析

人口结构/Population structuer
原住人口/Inhabitant:21.9%
外来商贩/Marchant:9.3%
外来学生/Stuent:68.8%

更新前经济技术指标/
Technology target before renewal:
建筑用地面积/Land area: 19925.9 m²
建筑总面积/Building area: 24097.2 m²
建筑容积率/Plot ratio: 1.2
建筑密度/Building density: 46.9%
绿地率/Greening rate: 18.9%

现状总平面图/
Current plan

原有建筑/Original building
拆除建筑/Demolished building

您对现在住区环境的满意度：40%的居民较为满意。

您对这里交通状况的满意度：75%的居民认为道路质量较差。

您对住区中内安全保障的满意度：68%的居民认为消防隐患严重。

您希望那个在住区内增添的设施：75%的居民希望增设公共交流场所。

与周围居民的交谈频率：45%的居民偶尔相互进行交流。

您认为是否需要和周围的居民进行交流：60%的居民认为需要。

您从住地到工作地所采取的交通方式：75%的居民选择步行或骑自行车。

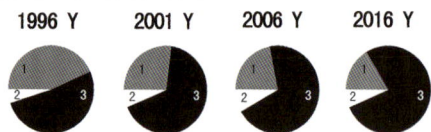

1. 原住人口/Inhabitant　2. 外来商贩/Merchant　3. 外来学生/Student

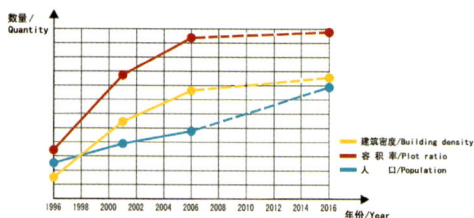

人口预测　趋势预测

更新前功能分析　场地现状分析

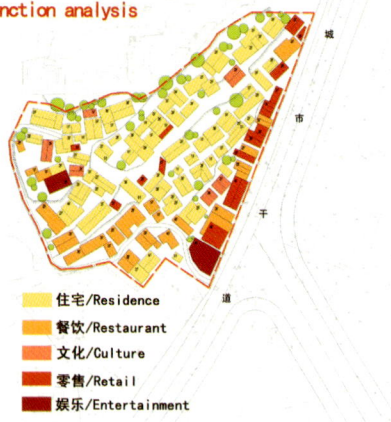

更新前功能分析图/
Function analysis

住宅/Residence
餐饮/Restaurant
文化/Culture
零售/Retail
娱乐/Entertainment

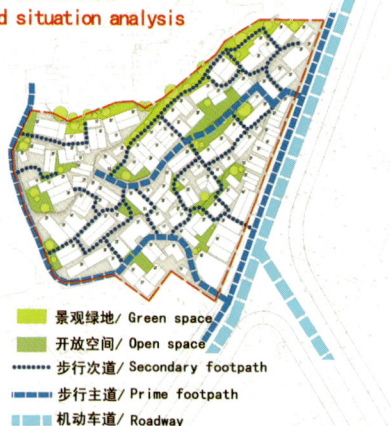

场地现状分析图/
Land situation analysis

景观绿地/ Green space
开放空间/ Open space
步行次道/ Secondary footpath
步行主道/ Prime footpath
机动车道/ Roadway

思考

关注建立创新的城市和社区可持续发展机制；

关注城市更新中利益分配的公平性、关注弱势群体、关注社会的和谐性；

关注城市更新中的公众参与性；

关注城市生活、文化和功能的多样性；

关注大学生群体的精神和物质要求；

关注建筑师和规划师的社会协调和服务作用。

●●生成
○○

场地现状分析

存在部分开敞的景观活动空间，但过于片断化，相互间不能贯穿成为有机的整体；

人流路径呈现出丰富的可达性，但缺乏秩序，消防隐患严重，车流不通畅。

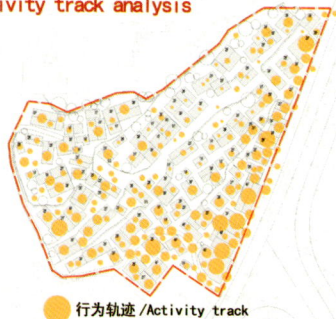

行为轨迹分析图/
Activity track analysis

行为轨迹/Activity track

行为轨迹分析

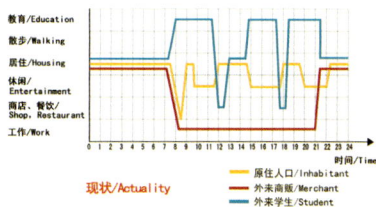

现状/Actuality

原住人口/Inhabitant
外来商贩/Merchant
外来学生/Student

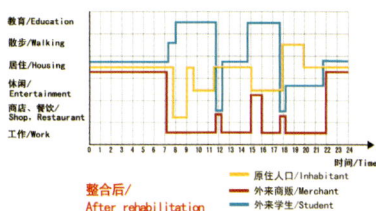

整合后/
After rehabilitation

原住人口/Inhabitant
外来商贩/Merchant
外来学生/Student

生活模式分析

建筑分析
根据消防疏散的要求，拆除部分房屋；
根据房屋现状质量情况，拆除部分房屋；
将部分质量良好的建筑保留，仅作饰面修复；
大部分建筑根据居民使用要求，结合设计师的
建议进行改造。

场地优化分析
景观空间贯通蔓延；
零碎空间减少；
适度的减少是为了更有效的增加；
建筑与绿化空间呈现出榫卯咬合的状态。

整合后功能分析　整合后行为轨迹分析
场地优化分析　　建筑分析

整合后功能分析图/
Function analysis after rehabilitation

住宅/Residence
餐饮/Restaurant
公厕/Comfort station
文化/Culture
零售/Retail
娱乐/Entertainment

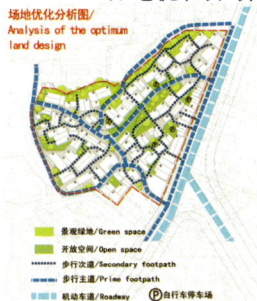

场地优化分析图/
Analysis of the optimum land design

景观绿地/Green space
开放空间/Open space
步行次道/Secondary footpath
步行主道/Prime footpath
机动车道/Roadway　P 自行车停车场

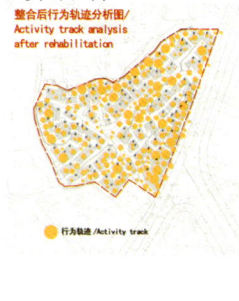

整合后行为轨迹分析图/
Activity track analysis after rehabilitation

行为轨迹/Activity track

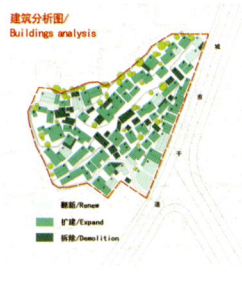

建筑分析图/
Buildings analysis

翻新/Renew
扩建/Expand
拆除/Demolition

●●评估 决策
○●
人民的城市人民建

改造模式取样

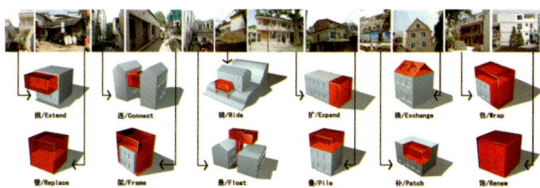

扩/Extend　连/Connect　藏/Hide　扩/Expand　换/Exchange　包/Wrap
替/Replace　框/Frame　浮/Float　叠/Pile　补/Patch　饰/Renew

模式采纳统计

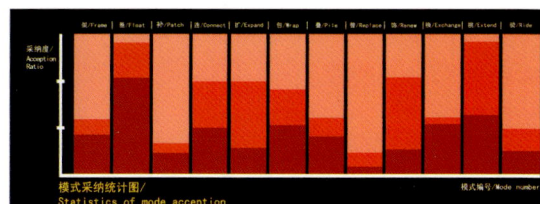

采纳度/Acception Ratio

模式采纳统计图/
Statistics of mode acception

模式编号/Mode number

方法和目标
建立人民的城市人民建的机制。设计师是为了
人民服务的专业工作者。
建立社区自更新机制和模式，保留好房子、改
造差房子、拆除违章和影响安全的房子、建造
新房子，在原有城市肌理的基础上整合空间，
为城市留下更多的记忆、故事和发展的余地。
适当增加居住密度和容积率，为城市原居民提
供更多的获利空间，为移居的居民提供更多便
宜的可租住空间，为城市空间提供更多样性的
集约使用模式。
整合改造原有社区空间，增加沿街铺面，提供
更多的就业机会，经济来源和街道活力，同时
增加安全性和自防卫机制，沿街商业空间中的
大学生工作室可以增加商业功能的多样性，为
大学生提供创业基地和勤工俭学场所。

人民的城市人民建

THE PEOPLE OWN CITIES AND SHOULD BUILD THEM
WITH THEIR OWN HANDS

■■异地故乡

●●研究

区位简介

基地位于湖南省长沙市（东经113°00′北纬28°11′）雨花区，城市新旧交接处，西邻城市二环，北靠中江景苑居住小区，占地面积2.09hm²，现住人口八千余人，属于低收入人群，多为城市外来人口。

当前城市发展竞争日益激烈，人们对高质量的生活水平逐渐追求，该区的更新改造势在必行，从而如何改造该区使得这些城市低收入者的利益得到保证，更好地使得社会公平性得到体现，是我们首要考虑的问题。

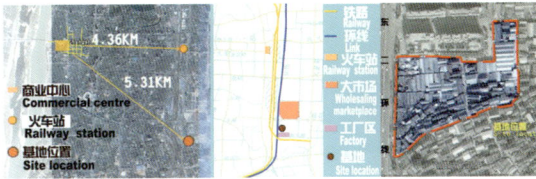

社会现状

"走啊，到城里打工去！"凭着一种对财富的渴望抑或是对经济增长的呼唤，打工族毅然踏上了他乡的土地。他们被称为城市的"边缘人"，中国的"候鸟群"。但美丽、繁华的城市对他们是设防的，流动而不能留下。他们在城市的边缘徘徊，试图寻找一块属于自己的天空，哪怕是城市最黑暗的角落，哪怕是过着城市最底层的生活，哪怕是做着城市里最苦累的工作，哪怕是忍受着城市里最不公平的待遇。

他们其实是一个朴实、勤恳的群体，聆听他们的歌声，其实他们的要求真的很低，"我想有个家，一个不需要华丽的地方，在我疲倦的时候我会想起它，我想有个家……"

图片来源：
http://www.ceh.com.cn
http://ts.voc.com.cn

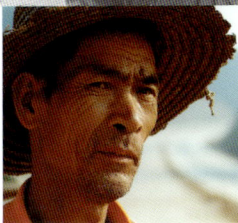

现状调查
基础资料分析
经济状况分析

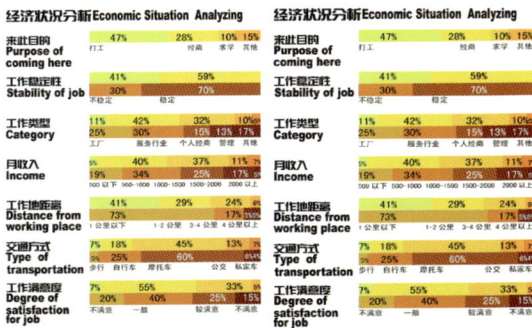

生活状况分析
住区内满意度

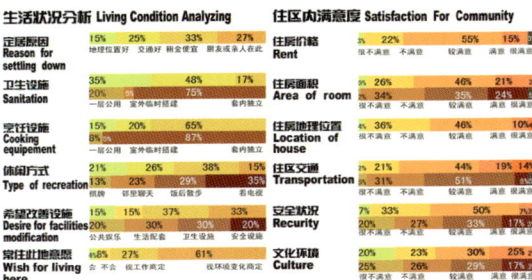

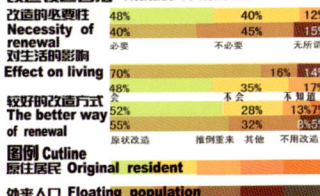

改造该区看法

现状分析

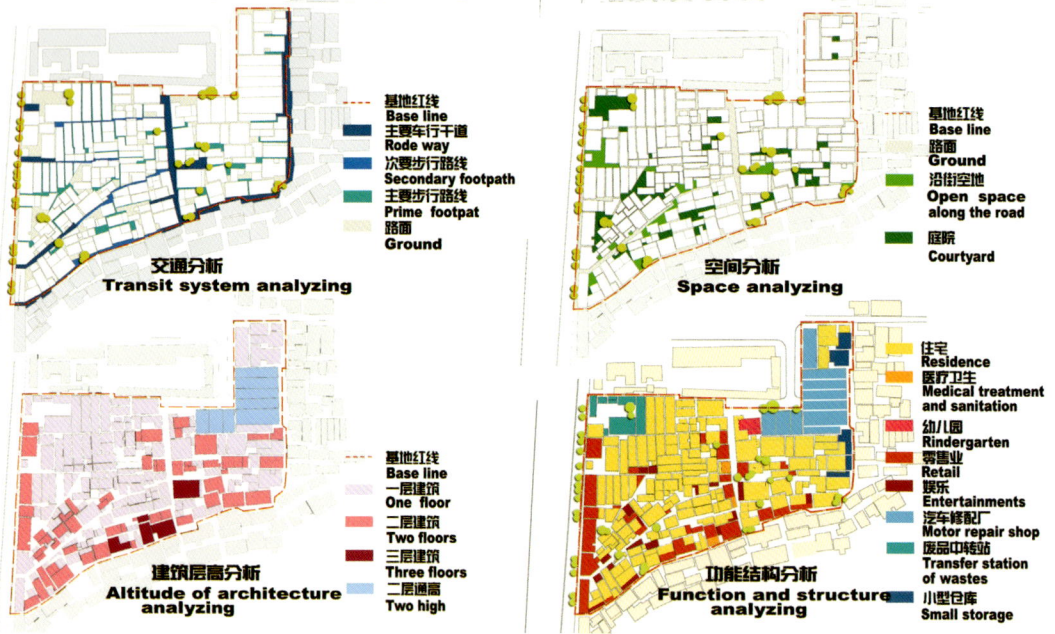

基地红线
Base line
主要车行干道
Rode way
次要步行路线
Secondary footpath
主要步行路线
Prime footpat
路面
Ground

交通分析
Transit system analyzing

基地红线
Base line
路面
Ground
沿街空地
Open space along the road
庭院
Courtyard

空间分析
Space analyzing

基地红线
Base line
一层建筑
One floor
二层建筑
Two floors
三层建筑
Three floors
二层通高
Two high

建筑层高分析
Altitude of architecture analyzing

住宅
Residence
医疗卫生
Medical treatment and sanitation
幼儿园
Rindergarten
零售业
Retail
娱乐
Entertainments
汽车修配厂
Motor repair shop
废品中转站
Transfer station of wastes
小型仓库
Small storage

功能结构分析
Function and structure analyzing

●● 生成
○○

对现有更新机制的思考

原住居民：失去赖以生存的农田　掌握赖以生存的空间

外来人口：依赖低成本的出租房　向往还过得去的公寓

政府：城市发展竞争的压力　政策制度执行的难度

开发商：土地超额价值的吸引　开发合理利润的担忧

现有更新机制

原状
低成本城市生活
多元文化的融合
高密度下的人气
绿化配套治安差
碎空间占有土地

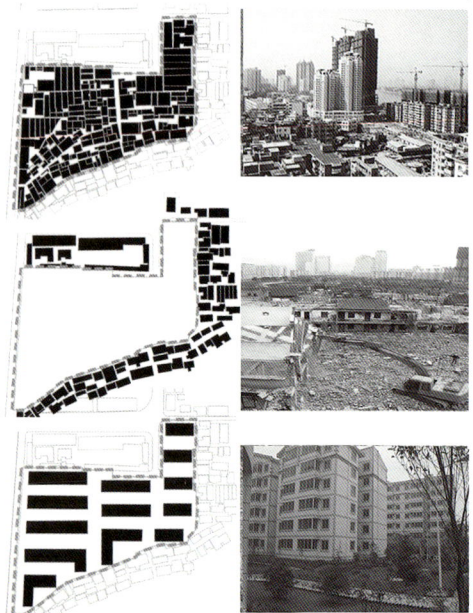

推平
开发周期相对短
开发成本相对低
历史遗留问题多
社会公平难体现

新区
绿化配套治安好
城市文化单一化
空间大人气不足

我们希望建立一种改造机制一种多样化的"造血"机制 服务于多数人群的公平机制

原住居民：从拥有违章廉租房到拥有合法廉租房、办公房，商业建筑产权

外来人口：从租住低成本低质量生存区到租住

低成本高质量生活区的转变
政府：从控制改造城市恶劣环境生活区到引导
改造生活区的环境质量
开发商：从获取土地超额暴力方式的改造到负
有社会责任式的合理式改造

造血公平机制下改造

店面进深欠缺
导致占道经营
人车被迫混行
应对机制：增加店面进深，形成后厂前店

位于环线附近
缺少公共交通
出行极为不便
应对机制：建立摩托出租机制，便利出入
住区道路狭窄
路边难以逗留
造成监督死角
应对机制：利用透明垂直交通行程城市

务工父母外出
小孩缺乏关心
无处活动游戏
应对机制：拓展拥有公众监督的活动街道

众多理想人员
难解思乡之愁
需要长途联系
应对机制：增加长途联系设施，满足要求

缺少驻足区域
居民缺乏交流
造成关系冷漠
应对机制：增加开敞的公众交流活动平台

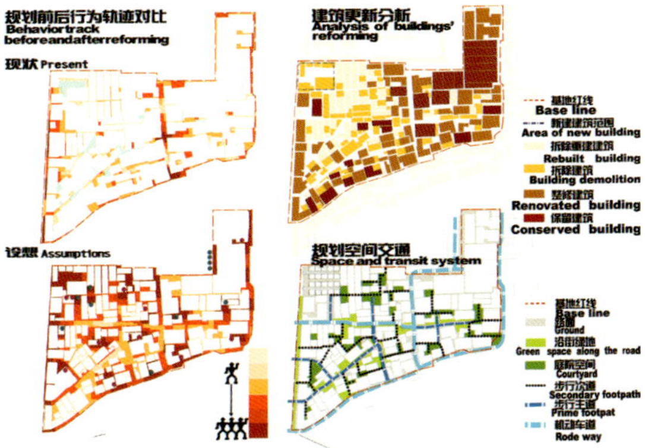

规划前后行为轨迹对比
Behavior track
before and after reforming
现状 Present
设想 Assumptions

建筑更新分析
Analysis of buildings'
reforming

规划空间交通
Space and transit system

规划空间交通   建筑单体分析

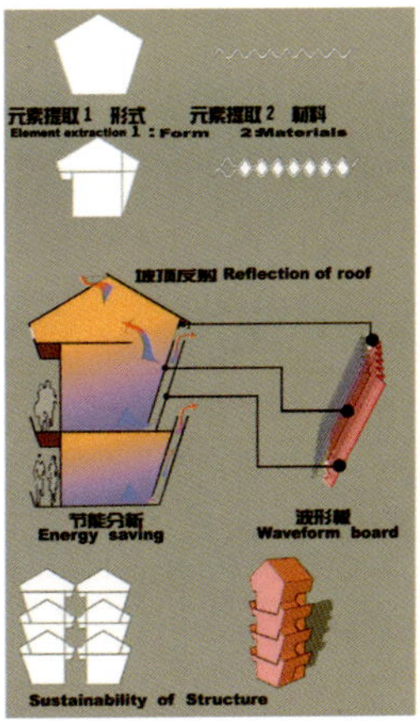

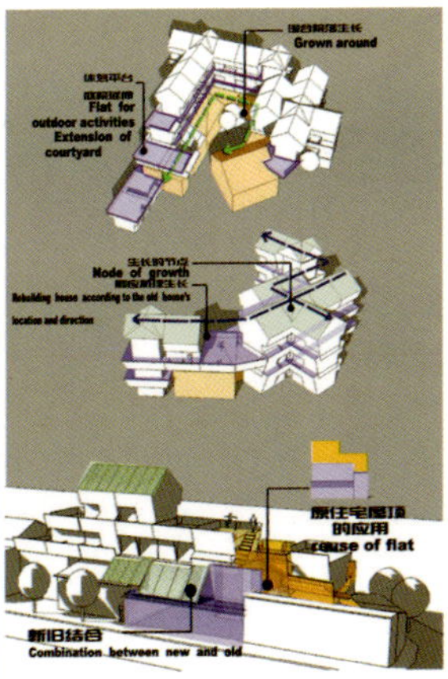

造血机制分析

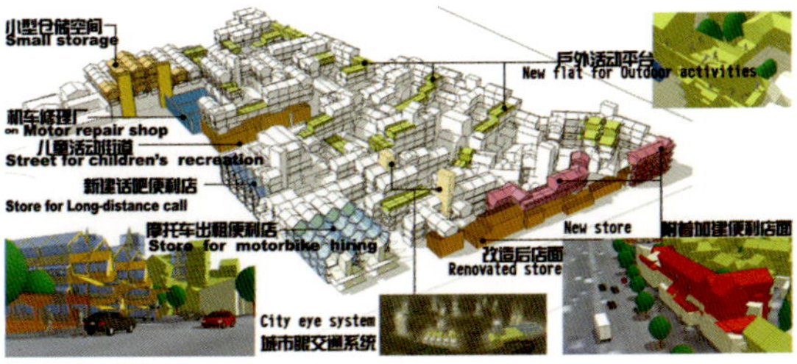

●○ 评估 决策

异地故乡

在城市更新的过程中，我们应慎重地进行大面积清除式的改造。在这块土地的改造建设中，我们尽力设计出一块提供外来人口临时居住的场所，以及原住居民"非规划"的建设方式。一方面是他们生存的需要，另一方面也是社会的需要。

●● 描述 设计

三间屋
2009 年建筑手绘设计竞赛
■□□认识

图片来源：
http://www.51puer.com

竞赛题目

树下的茶棚（设计和表达一处与树相关的，供人休憩和交流的场所）。地段、规模、形式和具体功能自定。

设计要求

手绘表现作品使用A3纸需两张以上；提供原件，需200字左右的说明，内附平、立、剖面设计图。可以个人或多人合作名义参赛。

表现技法不限，钢笔、马克笔、水彩、水粉、铅笔、粉笔等均可。

请勿在作品正面署名，需用铅笔在作品背面右上角署名。

参赛对象

A 组：设计师组（职业设计师、教师及艺术设计爱好者）。
B 组：学生组（各艺术设计院校在读学生）。

截稿日期

2009 年 07 月 20 日止。

奖项评比标准

送交作品完好，符合参赛规则要求。
贴切主题、设计有创新、必要审美、环保意识。
参赛作品必须是参赛者本人独创、且未发表过的最新作品。

评奖方式

评审实行编号式管理，参赛者姓名等信息不出现，严格保证评审的公正性和权威性。
网络投票评选：收到参赛作品后，组委会将整理作品，并上传到总统家网站（http://www.ztbs.com/），由浏览者对参赛作品进行投票。
由主办单位在 7 月 25 日前组织专家现场评比，奖项将根据网络投票占 10% 的权重，专家评委评分占 90% 的权重进行综合评分，评出最终大赛获奖者名单。
获奖者由大赛组委会发获奖通知。
颁奖大会 8 月 16 日在庐山隆重举行。
获奖者必须出席颁奖典礼，如因故不能按时参加，应书面通知大赛组委会，否则视为自愿放弃。
获奖作品将在相关网站发布并集结成册出版。
凡参赛选手有资格参加庐山"建筑手绘设计大赛"颁奖典礼、手绘高峰论坛和写生活动，三等奖以上获奖选手由主办方承担在庐山三天的住宿费。

■■ 研究

大赛评委

评委主任

王　路

清华大学建筑学院教授　博士生导师

《世界建筑》杂志主编

评委委员：

Alfons Dworsky　　　维也纳工大建筑学院教授

许亦农　　　悉尼新南威尔士大学建筑学院教授

Ravi Ragarta　　　印度著名建筑师、画家

杨　健　　　庐山西海艺术学院设计分院院长

夏克梁　　　中国美术学院艺术设计职业技术

　　　　　　　　　　　　　学院环艺系主任

陈红卫　　　国内知名手绘设计专家

平　龙　　　上海美术家协会理事

　　　　上海工程技术大学艺术设计学院副教授

主办方

《世界建筑》杂志

总统家网（ http://www.ztbs.com/ ）

协办单位

庐山艺术学会

华人手绘设计网 (http://www.huibbs.com/)

IFDA 国际室内装饰协会

图片来源：
http://www.yishe.com

■□ 生成

树的哲学

内省　静穆　沉稳

图片来源：
http://www.nipic.com

茶的哲学

从茶壶中探求宇宙玄机

从茶汤中品悟人生百味

图片来源：
http://www.luodalun.com

道生一　一生二　二生三　三生万物

将"间"作为设计原型

还原茶室为人类最古老、最简洁、最质朴的空

间形式

■■ 评估　决策

三间屋

丰富多变的空间与形态

形形色色的旅人与茶客

包罗万象的事态与生活

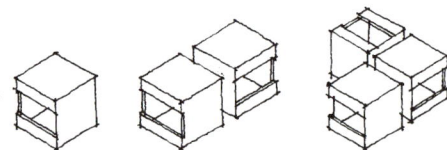

■■ 描述　设计

上古穴居而野處
易 系辭

樹的哲學
內省 静穆 沉穩

茶的哲學
從茶盏中探求宇宙玄機 從茶湯中品飲人生百味

Human beings in the remote antiquity
lived in the wild and sheltered in caves.
Yi XiCi

The philosophy of trees --
introspectiveness, serenity and composed.

The philosophy of tea--exploring the
abstruse universe through the teapot, tasting
the flavor of our life from the tea .

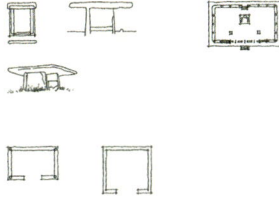

1

道生一 一生二 二生三 三生萬物

易 属 作為設計原型
還原茶室最為人類最古老 最實樸的空間形式

三間屋
壁當多變的空間與形態
形形色色的旅人與茶客
包羅萬象的自然與生活

Tao gave birth to the One , the one gave birth
successively to two things, Stew things and up to ten thousand

Regarding "room" as a design prototype, revert it
as the form of space which is mankind's oldest, the
most concise and simplistic.

"Three houses" —— A rich variety of space and pattern
All kinds of travelers and tea drinkers
All inclusive state of the world and life .

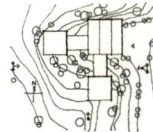
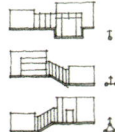
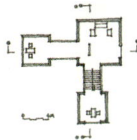

2

3

实际项目

命题设计方法可以提高设计人员的创造力和综合能力。创造力是产生某种新颖、独特、有社会或个人价值的产品的智力品质，这种产品是以某种形式存在的思维成果[9]。创新思维是产生创造力的前提，创造力与创造活动和创新思维过程关系极为密切。应用命题设计方法可以将创新思维的物化与创造力的培养结合起来，同时，命题设计还可以将发现问题、组织问题和解决问题的过程逻辑地串联起来，形成提高设计人员创造力的动态结构。

命题设计方法作为一种设计方法同样可以应用在实际工程投标中。狭义的设计方法有很多种，如建筑设计方法、城市设计方法、工业设计方法等，创新思维方式与现代设计方法相结合可以形成设计方法论的"空筐结构"[10]，这种方法论与学科特点融合起来可以产生具有创新思维特点的学科理论成果，可以产生跨学科理论成果，满足交叉和边缘学科领域研究的需要。创新思维方式与现代设计方法相结合还可以指导设计人员有意识地应用与创新思维有密切关系的直觉、灵感、想象力等能力，达到产生更多创新研究成果和提高设计人员创造力的目的。具有空筐结构的设计方法不但可以指导设计竞赛，还可以应用于设计实践。

但实际项目与设计竞赛的命题形式、内容和表达方式有很大的区别，实际项目的命题语言必须更加逻辑和规范，表达方式更加通俗易懂，以满足实际项目的设计成果必须面对更广泛人群阅读、理解和接受的需要。一般来说，实际项目的任务书不像竞赛那样有设计主题，所以，设计者要先对设计任务的背景、目的和重点进行深入的研究和调查，拟定出符合建设方要求和场地实际情况的设计主题，再根据拟定的主题确定设计命题，其余的步骤可以按照与设计竞赛相同的方法进行。实际项目投标也是一种与设计竞赛相类似的设计形式，同样需要有创新思想和独特的设计成果。

注释

"空筐结构"是一种能够广泛应用的哲学和语言学结构形式。1 + 2 = 3就是纯粹数学语言的一个空筐结构，因为它可以适用1个苹果 + 2个苹果 = 3个苹果，而且也适用于1个原子 + 2个原子 = 3个原子，或1个人 + 2个人 = 3个人。音乐语言也有空筐结构的性质。

湘军据点
2004 年
某公司办公综合楼设计

■□□认识 研究 评估 决策

长沙某著名婚纱影视公司的新办公楼，建筑面积约 6000m²，办公兼高档餐厅。
独特而具有典型的地域文化建筑风格。
成为一个文化和商务人士俱乐部。

地域文化风格：
湘西民族建筑。

图片来源：
http://bbs.cnphotos.net
http://www.nipic.com
http://k.danlan.org

图片来源：
http://image.baidu.com
http://2fwww.mzdb1.com.cn
http://taobao.ent.cn.yahoo.com
http://tieba.baidu.com
http://tupian.hudong.com

湖南卫视

湘军（附以曾国藩为代表的湘军、以毛泽东为代表的领袖湘军、以宋祖英为代表的文艺湘军、以湖南广电为代表的传媒湘军、以李小双等为代表的体育湘军等图片）。

建筑功能特点：独特的建筑空间、风格和形式。

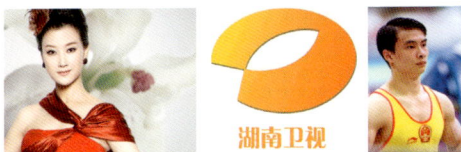

■■□生成

湘军据点

功能特点：长沙第一个水下餐厅。
形式符号：吊脚楼、碉楼枪眼、旗杆。

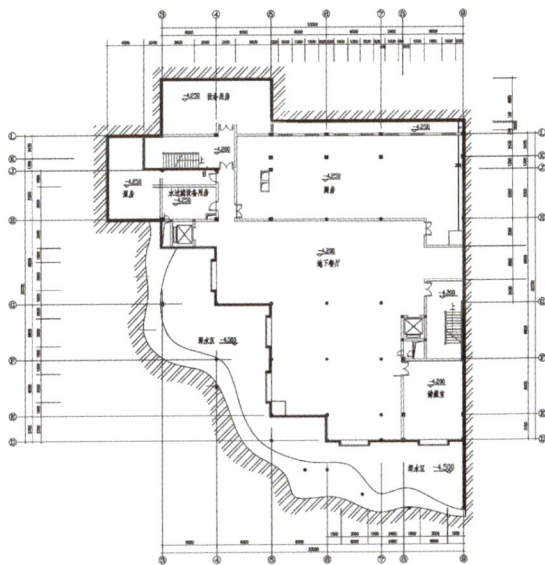

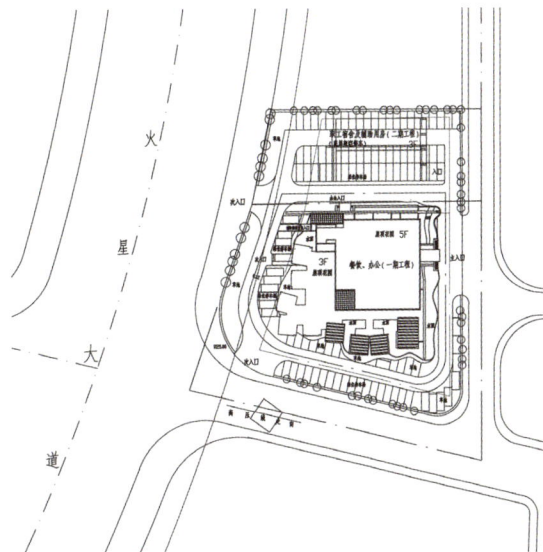

地下层平面图

■■描述 设计

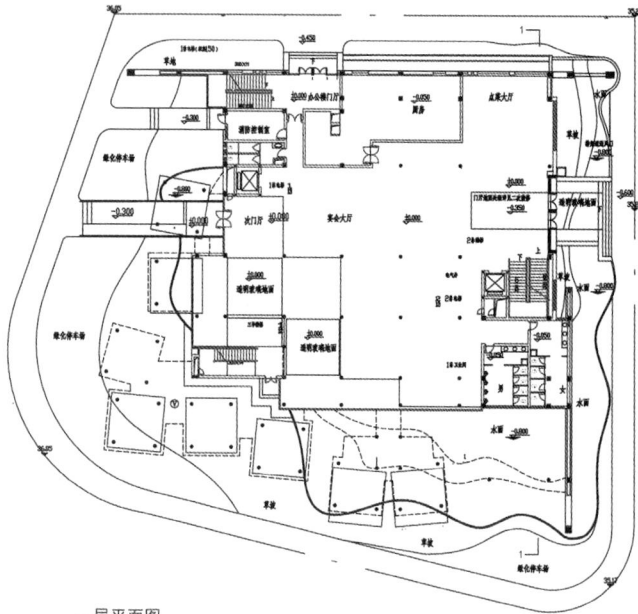

一层平面图

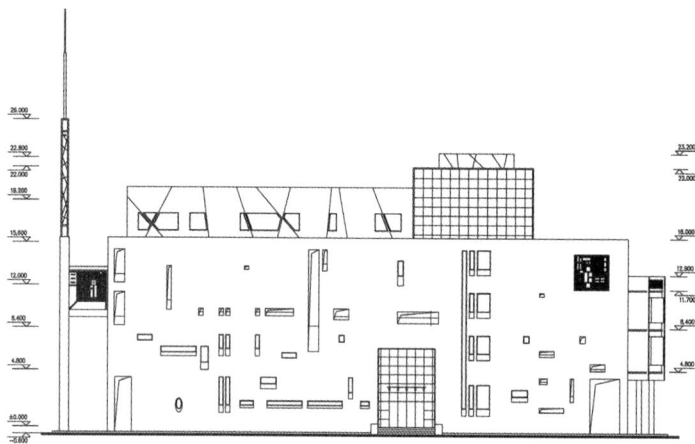

北立面图

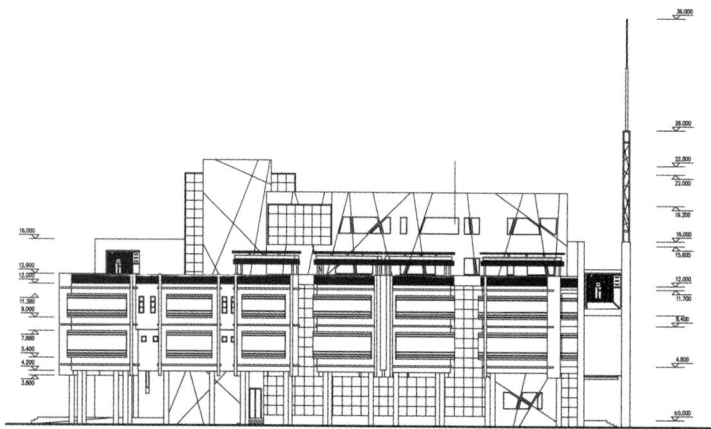

南立面图

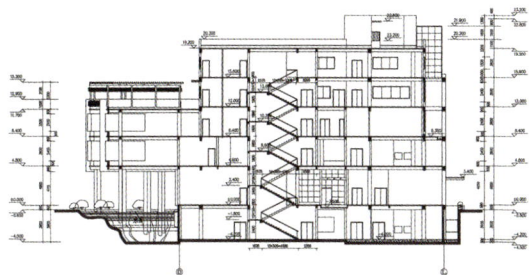

1-1剖面图

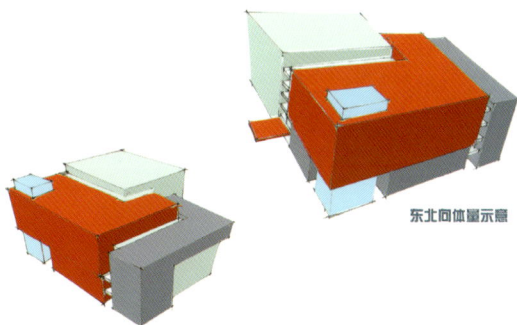

东北向体量示意

西北向体量示意

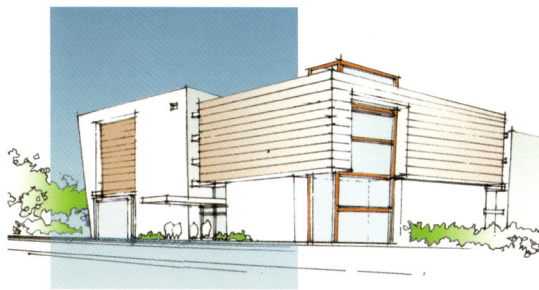

山水洲城
2006 年
武广客运高速长沙车站建筑造型概念设计

■□ 认识 研究 评估 决策
□□

在理论研究和社会调查中，我得到了一些启发：

启发之一：信息、多元、简洁、融合、集约用地、高技术、创新是体现"**时代性**"最主要的要素；

启发之二：满足城市发展要求的形象特征、满足功能要求的空间形态、丰富的地域文化内涵、强烈的视觉印象是体现"**标志性**"最主要的要素；

启发之三：地域文化信息传播的广泛度和知名度最大化、在构思中展现地方特有文化内涵、在空间形态中提炼地方文化内涵符号是体现"**地域性**"最主要的要素。

在对一些外地人的调查中，一个公认度最高的词就是"毛泽东"。我得到了一些灵感：

灵感之一："**毛泽东**"是长沙时代性、标志性和地域性最好的象征。

灵感之二：毛泽东"**沁园春·长沙**"中的"看万山红遍、层林尽染、漫江碧透、百舸争流"的词句是对长沙城市美好景象最贴切的描述。

灵感之三：现在长沙火车站的设计取意于毛泽东的"**星星之火，可以燎原**"寓意革命主题，新长沙站取意于"沁园春·长沙"，寓意美好主题，两者有着深刻的内在联系。

灵感之四：应用现代设计方法将"沁园春·长沙"对长沙的描述与建筑空间形态、造型元素符号融合起来是对"时代性、标志性、地域性"最好的诠释。

灵感之五：以自由起伏的空间形态、树形的主体结构与材料红色渐变寓意"万山红遍、层林尽染"；站前广场上取意于湘江长沙段形态的浅水池、帆形灯具、自由布置的绿化则寓意"漫江碧透、百舸争流"。不仅可以很好地表现"沁园春·长沙"描述的长沙美好城市景象，同时也用建筑和符号构成了一幅美好的"山、水、洲、城"空间形态。

■■ 生成

概念：**山水洲城**

■■ 描述 设计

在启发和灵感的推动下，设计理念、手法和形式随之产生：

城市设计方面

架空扩大站前广场，集约利用土地，使广场在满足城市功能要求的同时成为文化内涵的载体之一。

建筑设计方面

方形空透的主体建筑对原有设计合理部分的修改最少，站台雨棚、屋顶采光和入口挑檐用曲面构成一个整体，又融合于方形主体中，使设计的整体性、创新性和实际性得到加强。同时，还充分考虑分期建设的需要。

符号设计方面

利用形态、色彩和抽象元素符号构成城市和建筑文化表现的语言系统，使建筑和符号的识别性、阅读性、感受性和冲击性得到充分的体现，使设计语言既寓意深刻，又通俗易懂。

色彩设计方面

以红色、白色和浅蓝色为主要空间色彩基调，绿色则点缀其中，充分体现"看万山红遍、层林尽染、漫江碧透、百舸争流"和"山、水、洲、城"的设计立意。

七里香
2007 年
高新区景观设计
■□认识 研究 评估 决策

设计背景

长沙高新区是国务院批准的首批国家级高新区。麓谷生态科技新城坐落于风景秀丽的岳麓山西北角，北临 319 国道，东枕湘江，西接城市外环线。麓谷建设的基本指导思想是：坚持以招商引资为主线，产业发展为重点，开发建设为基础，制度创新为动力，着力把麓谷科技产业园建设成为全省高新技术产业的集聚区，新型工业化的示范区，全市经济发展的增长极和以高新产业为主导、自然生态环境为特色，充满现代城市活力的高科技产业新城。

东方红路沿七〇渠区域位于麓谷三期用地的西部，将建设成为集商业金融、行政办公、文化娱乐于一体的科技产业新城次中心。

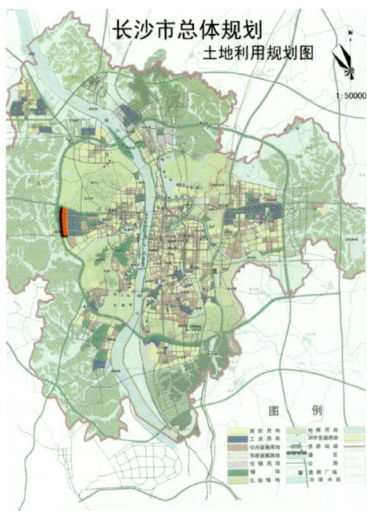

设计范围

本景观规划的范围为东方红路南起枫林三路（长宁公路）北至麓松路，全长约 3.2km，总用地面积为 18.3835hm²，用地宽度从 20.2 ～ 107.1m 不等。

现状照片

■■生成

作为一个普通的景观规划设计工作者，把每次设计看成是管理自然的一个工作过程，我们希望自己的构思能够：

尽可能和谐地把自然和科技结合起来；

尽可能少地改变自然环境肌理；

尽可能保留城市记忆；

尽可能创造一个有特色的标志性城市环境景观；

尽可能营造以人为本的城市景观；

尽可能好地管理自然环境景观。

因此，在成果中我们把：

科技成为设计符号的构思源泉，创造景观规划的独特风格；

文化成为景观构成的核心要素，提升景观空间的内在品格；

景观成为融合城市空间的媒介，表现麓谷园区的功能性格；

水系成为串连景观空间的纽带，开发自然风景的现在价值。

与此同时，我们还希望：

在城市功能定位方面，娱乐休闲与科技产业相结合；

在景观空间序列方面，宏伟壮观与小巧宜人相结合；

在景观节点设计方面，独特标志与平易近人相结合；

在昼夜景观变换方面，现代真实与未来幻想相结合；

在绿色植物配置方面，多样丰富与因地制宜相结合；

在景观工程造价方面，重点投入与集约用材相结合。

概念：**麓谷、银滩、七里香**

通过高新区人的精心打造和努力经营，"麓谷"已经成为一个集高雅与通俗、科技与文化于一身的享誉国内外的名字，我们希望"麓谷"的次中心的主题能在内涵和外延方面都与"麓谷"的名字相协调。

科技与自然、产业与休闲的相结合定位使我们联想到以银色代表高科技和信息产业、以沙滩寓意自然和休闲，以"银滩"作为整个景观空间的主题名则可以体现科技与自然设计宗旨，而且"银滩"从字面上与"麓谷"相对仗，清晰易懂，让人耳熟能详。景观带约3.5km的长度、一年四季飘香的植物配置，让人不由自主地联想到"七里香"的词语，也成为沿七〇渠区域主要的景观特点之一。

以"麓谷、银滩、七里香"为设计主题较好地表达了本项目与麓谷的关系，以及本项目景观规划设计内涵与核心规划思想。

■■ 描述 设计
■□

枫林路入口的不锈钢树阵与高大乔木树阵

枫林路入口的不锈钢造型树阵同样寓意着景观带科技的内涵，高大乔木树阵一方面起到遮挡加油站的目的，另一方面形成不锈钢造型树阵背景和衬托，他们与玻璃光塔一起形成入口独特的标志景观。

戏水、观水、跌水广场景观空间序列

戏水广场是从枫林路进入景观带后的景观空间序列小高潮，跌水广场则是从桐梓坡路进入景观带北部的另外一个景观空间序列小高潮，南部则可以到达核心景观银滩广场，观水广场则起到一个空间转换的效果。整个景观带形成高潮迭起的空间节奏感。

银滩广场与数字灯光塔

银滩广场是麓谷银滩景观带的核心，50m高的玻璃灯光塔既是银滩广场的景观核心，也是带状景观空间中的制高点，大面积银色的沙滩形成了一片都市中的绿洲。入夜后，通体透明的玻璃灯光塔与南部过街地道锥形采光天窗一起形成麓谷银滩的独特标志景观之一。

观水广场与数字喷泉阵

大型玻璃灯光柱组成的数字音乐喷泉阵，无论是在白天还是在夜晚，都将实现城市功能与景观功能的转换，成为麓谷银滩另一个独特的标志景观。

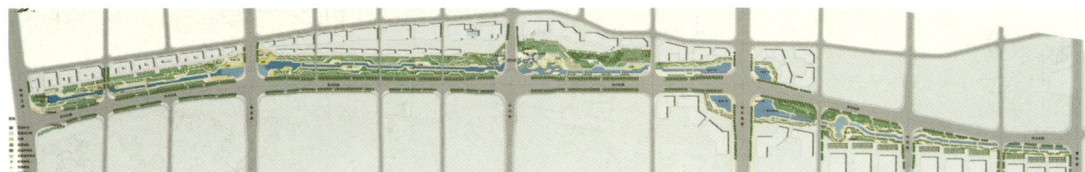

总平面图

星空、大地、时光走廊
2007 年
秀峰公园规划

■□□ 认识 研究 评估 决策

区位概况

项目基地位于长沙市金霞经济开发区鹅秀组团，西面临芙蓉北路，东至规划中的植基路，南起二环线，北至兴联路，西面通过秀峰景观大道与规划中的湘江风光带相连。

规划总用地 636.76 亩（约 42·45hm²）。基地内自然地貌为起伏延绵的山丘，自然植被良好，有较多极具观赏性的原生态植物群落。用地范围呈不规则多边形，地形地貌较为复杂。

现状照片

■□□ 生成

"星空"概念来源于控规中"星际未来"的文化内涵

"大地"概念则主要来源于区域原生态景观资源。在开发区内，秀峰山、鹅羊山、母山、湘江风光带和秀峰大道景观轴共同形成了具有点线面相结合、现代手法和自然风格相结合的网络状区域原生态景观资源系统，区域控制性规划中秀峰山公园是以"星际未来"为主题的生态休闲公园，本概念设计主题"星空于大地"中"星空"的概念就是来自于"星际未来"的文化内涵。"大地"的概念则主要来源于开发区自然和原生态的区域景观特点。

"时光走廊"主题概念来源于开发区产业内涵，是秀峰大道景观轴。

"光梭"与**"编织"**概念的延伸和发展

长沙金霞经济技术开发区是一个集科、工、贸、文化、旅游为一体，以重点吸纳物流及相关工业、特色创新、高新技术为核心产业群的开发区，是长沙市乃至湖南省主要的现代化水陆联运交通枢纽新型生态城区。时光走廊的设计主题概念主要来源于开发区物流、交通、高科技产业的线性和网络形象特征。秀峰大道舒展、自由与富有韵律的斜线"光梭"景观元素，将秀峰山公园的"山"景与湘江的"水"景有机地"编织"起来，形成"山"、"水"之间宛如大地艺术般的美景，秀峰山公园设计主题中的"时光走廊"则是"光梭"与"编织"概念的延伸和发展。

■□描述 设计

"星空"与"大地"象征着现在与未来；
"时光走廊"则是连接现在与未来、星际与大
地动感的媒介。

星空概念的景观功能组成与主题意义延伸

星月塔、听风阁，象征着科技与生活，象征着
如星光一样灿烂的未来世界、如清风一样醉人
的现代生活。

大地概念的景观功能组成与主题意义延伸

秀峰山、大地广场、奇石、瀑布与丛林，象征
着山、地、石、水、林的自然景观要素，形成
了秀峰山公园自然、野趣、原生态与人工景观
浑然天成、相互融合的景观特色。

五彩瀑布   晴虹桥影

大地奇石

时光走廊概念的景观功能组成与主题意义延伸

连接各景观节点、沿游路设置、夜间具有照明功能的红色网络状灯光带，象征着时光是连接未来与现在、星际与大地的动感媒介。

位于秀峰山制高点上星月塔的造型以及在夜间的灯光效果是"星空"主题概念的最好表现。

时光走廊

大地广场上的透光奇石、地面灯带、五彩瀑布与秀峰大道的"光梭"一起共同编织了一幅如诗般的大地美景。

山体映衬下的红色网络状灯光带好像穿梭于"星空"与"大地"之间的印象走廊，任由人们的遐想驰骋。

有为、无为
2008 年
湘江大道南端景观设计

■□ 认识 研究 评估 决策
□□

区位概况

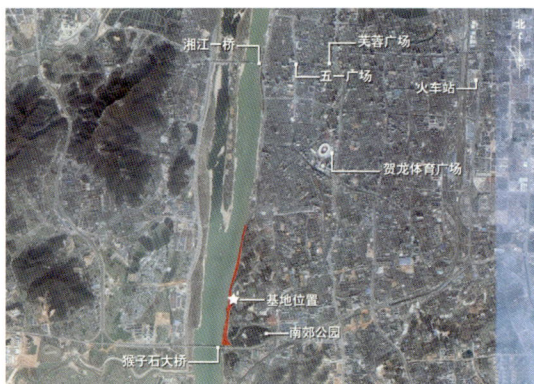

城市背景

本段设计区域的景观特点是背景为植被保护较好的山体，中间是城市主干道，西面是湘江，三者之间基本没有可供设计的大尺度空间，只有四个有道路连接的节点景观空间。

基地现状

基地包含四处与铁路有关的城市遗迹，他们分别是：原长沙火车南站、八道煤码头、长沙物质储运工贸有限公司专用线和液化气运输码头。基地北端已建成湘江风光带和一水厂，南端是猴子石大桥，中部是 8 个自然山体。原长沙火车南站位置被规划为橘子洲毛泽东雕塑观景台，长沙物资储运工贸有限公司专用线部位被规划成一处以火车为主题的城市休闲公园。货运八道煤码头等城市遗迹的结构经过多年风化，已具有一定安全隐患。

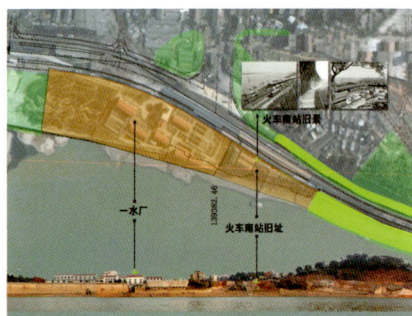

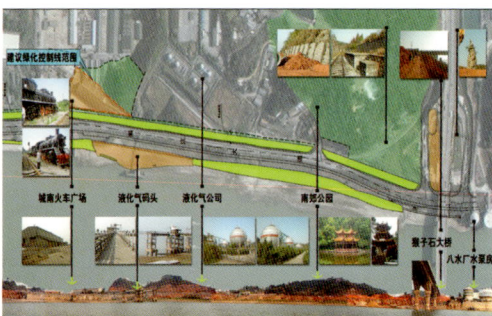

道路设计

由于城市建设的需要，基地中的湘江大道道路设计在景观设计没有同步进行的情况下已经进入施工图阶段，难免产生一些空间形态的美感、不同形式之间的过渡与协调等方面的问题。

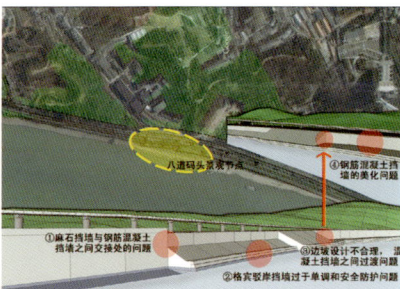

城市背景分析告诉我们——基地的区位、空间形态与规模、现状文化内涵的不同决定了本次设计的内容和方法应该以体现基地自然人文景观为主，新的设计要素应与其具有良好的协调性和统一性。

基地现状分析告诉我们——以铁路遗迹为主的人文景观内涵以及决定了设计应以原长沙火车南站、货运八道煤码头、长沙物资储运工贸有限公司专用线和液化气运码头为主要设计内容，同时，工字钢、黑色枕木、路基石和透明玻璃成为景观设计的主要元素。对于已经被拆除的南站利用现代设计手法进行恢复和概念重现，对于风化且具有安全隐患的货运八道煤码头遗迹景观应以观赏为主而不进入，对于长沙物资储运工贸有限公司专用线（火车主题广场）和液化气运输码头则应借用形式、更新内涵，给历史的遗迹赋予新时代内涵。

道路设计分析告诉我们——以现代设计手法和材料形成过渡空间来弥补道路设计产生的缺陷。

▪▫ 生成

概念："无为"和"有为"

"无为"的概念：在对城市历史文化的准确重解、城市记忆的完整保留方面我们应该表现出无为的态度。

"有为"的概念：在历史与现代的结合与延续、城市记忆的尊重与更新方面我们是有为的。

▪▫ 描述 设计

"有为"让我告诉别人——我们做了什么！

以尊重和恢复消失的城市记忆为主要构思原则，弱化新设计元素的形态和质感，更新城市遗迹的内涵，让遗迹焕发生机。

规划结构——"四点、一线、多层"。

景观结构——"重点处理、线性连接、空间层次"。

交通结构——"以游人流线为主、适当考虑沿路停车"。

设施分布——"节点景观密集分布、线状景观适当考虑"。

植物配置——"疏密有致、多层搭配、丰富多彩、软化界面、融入自然"。

始于足下 WORKS

以四个节点和一个线型亲水平台构成整个观景系统，以铁路为主题贯穿整个节点平面和空间景观设计。以工字钢、黑色枕木、路基石和透明玻璃为景观要素细节的构成材料。

观景平台——原有空间形态肌理、景观雕塑群、悬挑观景平台、铺地、动感的思维观景空间。

八道码头——尽可能保留遗迹、弱化新设计要素。

火车主题广场和液化气码头——以"时尚根据地"的形式、与临近液化气码头一起延续火车主题广场的铁路遗迹文化、更新广场的商业内涵，共同构成节点的景观系统。

桥头广场——树阵、草地和块石铺装一起构成桥头广场休闲、活动和观景为主要功能的景观特点。

亲水平台——木制平台、铁轨形态的线性游路、路基石为主要材料的地面铺装、格滨挡墙与草地灌木植物一起构成自然、野趣、现代、独特的景观风格。

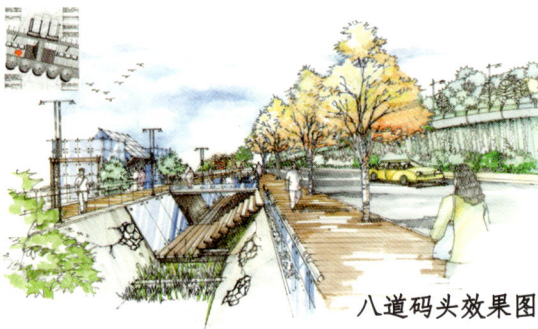

八道码头效果图

火车广场效果图

南站观景广场效果图

模糊边界、肌理构成和多层次过渡的手法弥补道路设计中遗留的设计缺陷，使自然、道路和景观构成一个和谐的系统。

96

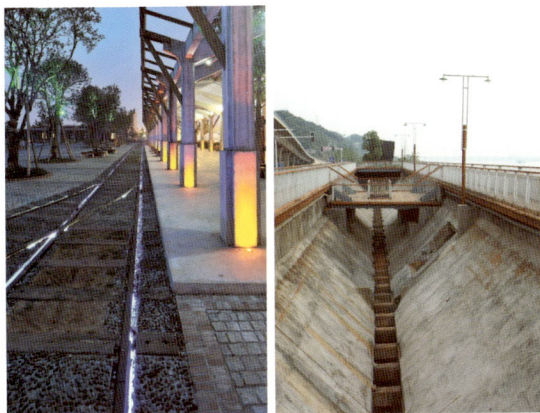

反思与行动
2008 年
浏阳河风光带景观设计

■□ **认识** 研究 评估 决策
□□

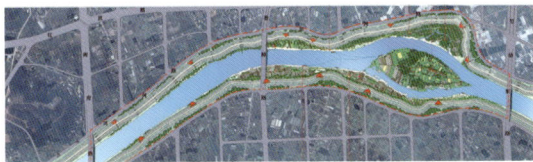

浏阳河弯过了几道弯几十里水路到湘江
江边有个什么县哪出了个什么人
领导人民得解放呀咿呀咿子哟
浏阳河弯过了九道弯五十里水路到湘江
江边有个湘潭县哪出了个毛主席
幸福歌儿唱不尽歌唱敬爱的毛主席
我们心中的红太阳呀咿呀咿子哟
歌唱敬爱的毛主席
我们心中的红太阳啊红太阳

反思
反思城市与景观空间结构的"五化"问题
面对快速发展的城市，反思我们的城市与景观空间结构的"城市化、同质化、硬质化、人工化和大型化"问题。
"**城市化**"——城市空间吞噬郊区空间，人工景观逐步覆盖自然景观。
"**同质化**"——城市空间与景观形态越来越缺乏内涵和特点。
"**硬质化**"——实体、硬质要素充斥城市与景观空间。
"**人工化**"——在城市与景观建设中"拆真建假"的现象比比皆是。
"**大型化**"——在城市与景观建设中重规模轻质量、重宏观轻微观的观念大行其道。

反思城市规划与景观设计的"五化"问题
面对快速发展的城市，反思我们的城市规划与景观设计方法的"城市化、同质化、硬质化、人工化和大型化"问题。
"**城市化**"——用城市景观空间设计的模式对待郊区自然生态环境。
"**同质化**"——城市与景观设计作品越来越缺乏内涵和特点。
"**硬质化**"——用过于理性的设计与生搬硬套规范的态度对待丰富多彩的自然环境。
"**人工化**"——设计自然而不是尊重自然的态度是"拆真建假"现象的具体体现。
"**大型化**"——在城市规划与景观设计中重规模轻质量、重宏观轻微观观念大行其道。

区位分析
从区位分析图中可以看出：已有多处城市化的带状景观空间。本次设计场地处于城市边缘的郊区位置，与城市中心区的距离较远，景观带的城市功能定位、景观空间形态、景观功能结构都与其他景观带有所不同。

现状分析

现状优美的自然环境以及城市肌理是我国快速城市化过程中难得一见的生态景观资源。

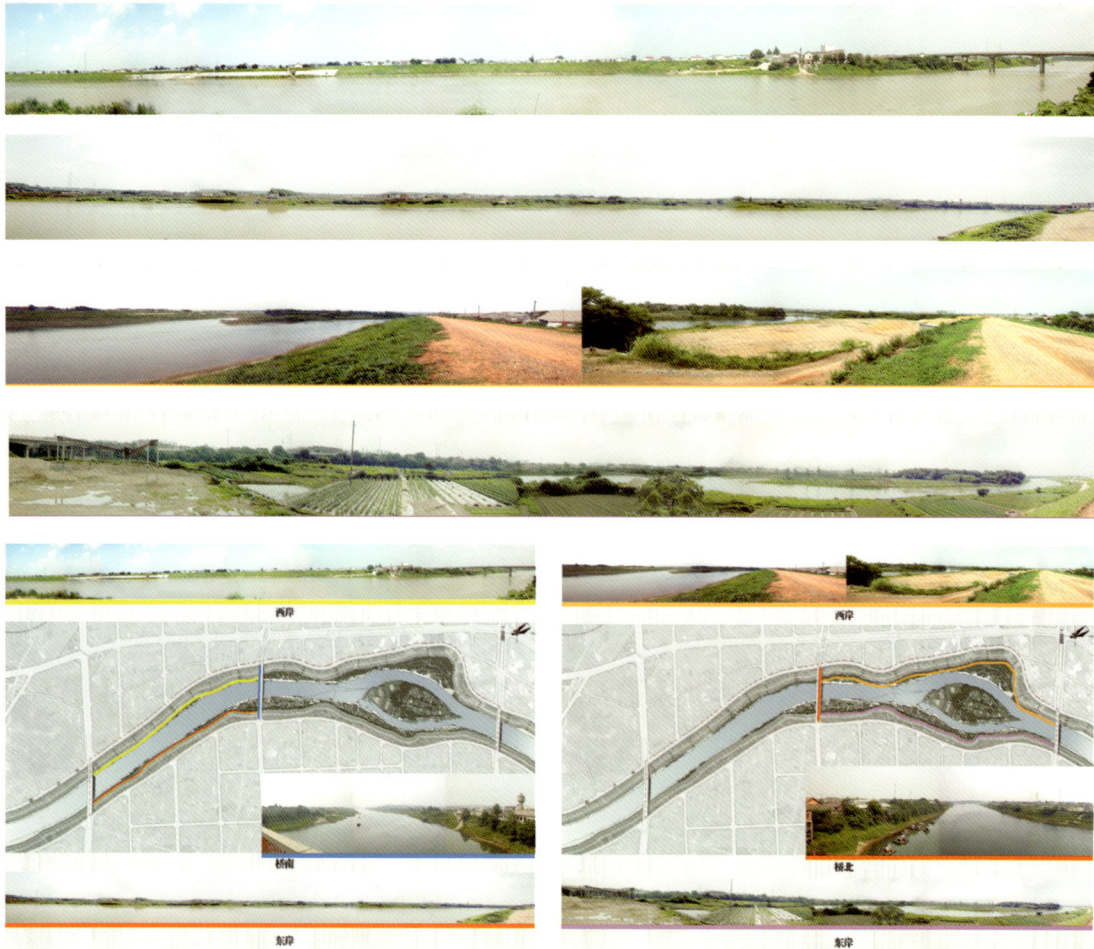

用地分析

从用地规划图中可以看出：周边的居住与商业区被铁路线阻隔分为两个部分，主要的观景人群应以车站的入境人流、区域以外的休闲旅游观光人流为主。

用地规划中的黎托生态公园在现状优美的自然生态景观面前显得多余。

道路及堤岸设计分析

西岸的川河路和东岸的规划道路、两岸防洪堤与磨盘洲岸线设计与现有的生态景观有较大的冲突，将彻底破坏区域的生态景观系统。

■■ 生成

反思当前城市与景观空间结构、城市规划与景观设计方法的"五化"问题，产生了本项目的规划设计"五化"纲领和行动准则，"五化"纲领和行动准则衍生出的五个概念主题词。

异质化——弯曲 **郊区化**——野趣
软质化——秀美

自然化——回归 **细致化**——精致

■■描述 设计

"野趣"的概念主题生成保留郊区化的城市空间形态和生态功能结构特征的生态公园。

"弯曲"的概念主题体现浏阳河的主要特点生成了保留和强化这一特征的道路与河堤的规划设计。同时，弯曲的形态也是"软质化"行动纲领和准则的最好体现。

"秀美"的概念主题体现浏阳河区别于湘江的另外一个主要特征。功能结构的生态性、空间形态的自然性和平面形式的弯曲性是浏阳河景观带秀美怡人的最佳体现。

"回归"的概念主题体现城市与景观规划设计理念的回归，景观构成要素与材料自然化的回归。两个回归可以从设计层面保证了野趣、弯曲和秀美主题概念的完美实现。

"精致"的概念主题体现在细节设计和自然的材料选用上，可以从实施层面保证了野趣、弯曲和秀美主题概念的完美实现。

穿透、隐身、地域元素
2009 年
橘洲游客服务中心方案

■□ 认识 研究 评估 决策
□□

基地现状分析
场地从美孚洋行别墅开始到神职人员公寓，
南北方向为 377m，东西方向道路之间为
80～152m。场地周边建筑状况为两层高院落式
古典风格的保护性建筑

景观特点是背景为植被保护较好的山体，中间
是城市主干道，西面是湘江

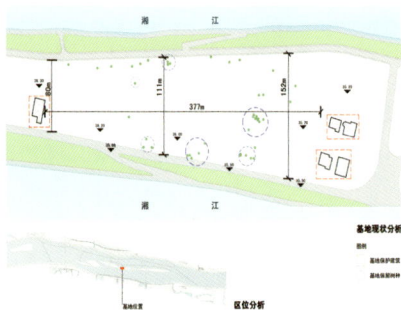

基地视觉分析
从城市看基地为一线丛影，山与城互为背景
从基地看城市为动静相宜，城与山各不相同
从高处看基地为水中绿洲，山、水、洲、城融
为一体

基地文脉分析
多元文化聚集，难得的城市历史记忆
红色文化隐喻，难忘的伟人身前豪情

基地功能分析
与历史建筑一起成为刻录城市时光流逝的载体
水上运动和市民休闲综合利用，提高建筑的城
市功能适应性，创造最大的经济和社会效益

■■ 生成
□□

可**穿透**的原因——基地视觉分析结果
作为湘江两岸看橘洲景观的建筑，橘洲上可看
湘江两岸景观的建筑，主要体现在平面与空间
形态的可穿透性

可**隐身**的原因——基地现状分析结果
整体城市与区域空间的尺度决定了它应该隐身
于自然之中，区域建筑与环境空间的特点决定
了它应该隐身

有**地域元素**的原因——基地文脉分析结果
橘洲特殊的人文历史环境、多元的建筑文化要
素、自然的地理风光环境

概念：**穿透 隐身 地域**

■■描述 设计

功能定位

为游客提供高品质的餐饮、住宿和休闲服务——高品质的游客服务中心让游人流连忘返

为城市市民提供一处高雅的健身运动和文化休闲场所——大自然是人类最好的健康与休闲活动场所

为城市市民提供一处感受橘子洲历史记忆的场所——历史遗迹可以让生活在现代城市中的人们感受时空的轨迹

为运动员提供一处温馨舒适的休息场所——温馨舒适的休息场所有利于运动员最好地发挥水平,创造最好的成绩

空间定位
总体规划定位
与城市山、水、洲、城融合的群体空间形式——可以从山、水、洲、城方向观看的建筑群
与橘子洲的自然环境肌理融合的群体空间形式——南北方向、顺应自然、疏密有致、植物与建筑互为图底关系
形成与历史遗迹建筑在总体空间上的视觉联系——基地南北两端的历史遗迹决定了新建建筑必须与他们产生总体空间上的联系

建筑风格定位
地域新古典风格
简约的风格
通透的风格
独特的风格
精致的风格
甘当配角的风格
适当的建筑高度与体量
适当的建筑朝向

景观环境定位
自然风致式园林景观风格
自然环境与建筑空间相融合
开敞、通透、高低错落的植物空间形态
四季分明的植物种类

国外研究借鉴

当代国际建筑大师、意大利建筑师、建筑类型学与理性主义方面学者阿尔多·罗西曾说："建筑是由它的整个历史伴随形成的，建筑产生于它的自身合理性，只有通过这种生存过程，建筑才能与它周围人为的或自然的环境融为一体。"罗西既强调建筑与历史的关系，强调建筑与城市自身的合理性与逻辑性，又强调建筑与环境即场所的联系。

类型学明确指出：设计应来源于原型，但必须超越原型。只有这样，历史与现实、个人与社会、特殊性与普遍性才能通过设计过程实现完美的结合。

设计方法

设计重点：类型的选择、类型的分析与整理、类型与城市形态的关系。

手法要素：原型、片段、转换与重组。

类型选择

空间方面的类型选择——疏密有致的南北向矩形方块与自然的空间肌理；类型重组后强调与整体城市环境空间的融合与渗透。

立面方面的类型选择——简洁的竖向柱阵、墙面与坡屋顶。类型重组后强调与地域建筑结构与形式的协调与呼应。

色彩方面的类型选择——区域建筑的主要色彩为灰色、白色与红色，如白色的竖向柱阵、红色砖墙面与屋顶、灰色的砖墙面与屋顶，类型重组后强调与地域建筑与环境色彩肌理的统一与呼应。

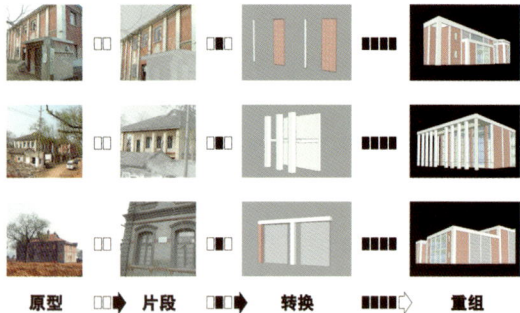

原型　□□➡　片段　□□➡　转换　■■■■⇨　重组

一个乡村般的城市
2009 年
浏阳工业园规划

■□ **认识** 研究 评估 决策
□□

God made the country, man made the town

英国诗人威廉·库柏（William. Cowper）
"上帝创造了乡村，人类创造了城市"

我们希望创造一个乡村般的城市。

规划背景研究

浏阳市工业新城位于浏阳市西部，是长沙市东郊的卫星城，具有较强的发展潜力。

目前工业新城形成了以长沙国家级生物产业园、浏阳制造产业园为基础，以永安镇、洞阳镇、北盛镇、蕉溪乡为背景的"两园四镇"空间结构，总面积为 369km²。主要依托 G319、G106 和永社公路实现对外连接，长浏高速、开元大道正在建设中，岳汝高速即将建设，与长沙对接的城市轻轨和长浏铁路正在规划中。

市域经济总量主要来自于两大产业基地，旅游资源主要有永安狮子脑水库、洞阳水库、王震故居等。

现状照片

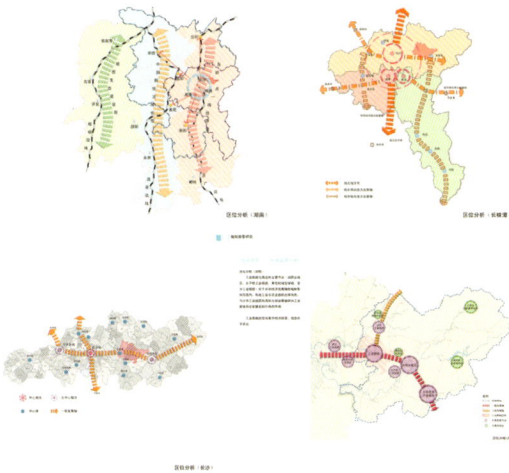

■■ **生成**
□□

规划目标	规划思路	理论方法	预期目标	概念产生
产业新城	一个区域的极点	1.应用区域发展视角； 2.引进新的产业形式； 3.扩大产业规模	发展区域经济新增长极	一个"两型社会"的示范基地； **一个"乡村"般的城市**
	一个自然的聚落	1.基于花园城市理论，设置城市发展边界； 2.多中心网络化结构和自然聚落形态的空间规划方法； 3.建立快速便捷的交通连接模式	探索新城市化途径	
	一个创新的基地	1.建立研究和创新机制； 2.建设产业的空间载体	培育产业升级的机制	
生态新城	一个绿色的城市	1.应用清洁能源与人性化交通体系； 2.应用低碳材料与绿色建筑模式； 3.保护自然生态系统与人工景观自然化； 4.应用雨水收集与中水处理等节水技术	可以看风的身影	
宜居新城	一个蓝色的城市	1.保护区域水系； 2.将节水技术与水景观环境的营造相结合	可以听水的声音	
活力新城	一个橙色的城市	1.逐步建立和完善配套商业、娱乐休闲和文化教育设施； 2.吸引区域外的消费人群	可以享玩的快乐	

■■ 描述 设计

区域交通规划

依托长浏高速、岳汝高速以及既有国道、省道与乡道建设，引入城际铁路和轻轨等大运量公共交通运输模式，规划构筑"两横四纵"的村镇道路主干网络。

开放空间与景观系统

一个现代化的工业新城核心城区，她既有"鳞次栉比、八街九陌、车水马龙、摩肩接踵、花灯璀璨、流光溢彩"般充满活力的城市画面。又有"古树高低屋，斜阳远近山，林梢烟似带，村外水如环"般温馨诱人的乡村景象。

水系利用

捞刀河、洞洋河是区域中的自然水系，强烈建议在开发建设时，可以通过场地标高处理来实现新城核心区50年一遇的防洪标准，还可以形成一个真正的生态湿地公园系统，这是一个既保护生态又安全节约的河堤处理方法。

1. 捞刀河
2. 中水处理厂
3. 将军湖湿地公园
4. 巨湖烟雨
5. 将军湖
6. 滨湖商业步行街
7. 饮马台
8. 湖滨酒店
9. 国际会展中以
10. 国际会议中心
11. 创意商业街
12. 立马大道
13. 洞阳河带状湿地公园
14. 文化中心
15. 文体中心
16. 洞阳河
17. 行政中心
18.CBD 中心
19. 学校
20. 防护绿地
21. 医院
22.G319 国道

现代文脉再现

捞刀河的名字来源于古代关羽战长沙的典故，而王震先生则是我国著名的将军之一。将军湖、饮马台、立马大道是对古今两位将军的最好纪念。新城八景的取名取材于浏阳历史八景，可以更好地保留城市的历史记忆。

空间结构

应用田园城市理论、结合区域自然地理现状，形成了一中心、二带、三点的多中心、网络状的城市空间结构，自然的山体、田园和湿地，规划的湖面、公园和绿地好像镶嵌在城市空间网络结构间的蓝色宝石和绿色翡翠。

空间形态

凯文·林奇指出，构成城市印象的要素为道路、区域、结点、标志和边沿。我们的规划和设计也主要在这五个要素方面，希望能够创造令人记忆深刻的城市印象。

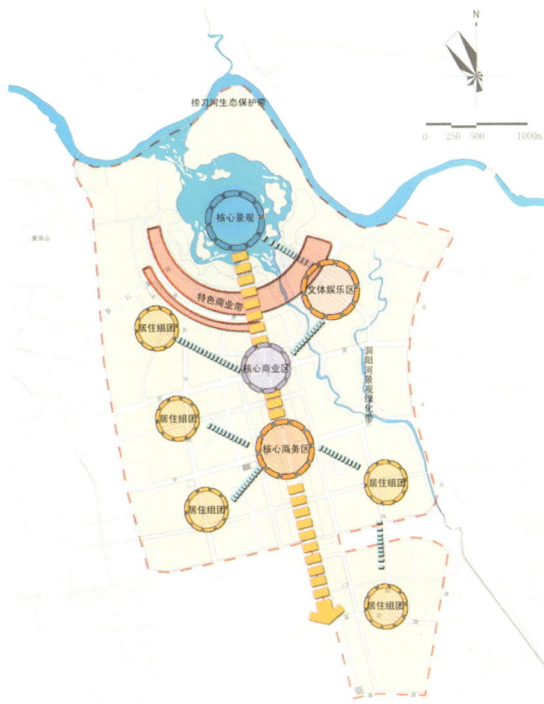

重要节点规划与设计

将军湖
宽阔的湖面、点缀的岛屿和湿地公园将唤起人们对历史的记忆和联想。

饮马台
饮马台是将军湖历史记忆的一部分，也是城市大型水上活动的观景台。

立马大道与 CBD 中心
立马大道和 CBD 中心是新城现代化城市景象标志，也是一个重要的文化和空间景观轴。

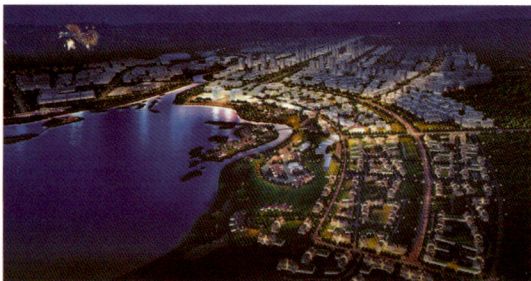

环湖休闲街区
既有华灯璀璨、流光溢彩的城市景象，又有古树高低屋，村外水如环的乡村意境。

湖滨酒店
水天一色的湖面、绿树成荫的小岛、蜿蜒其中的栈桥和游路形成了湖滨酒店独一无二的景观环境。

国际会议会展中心
国际会议会展中心是园区企业的集中展示平台，希望以优美的环境、合适的规模和完善的设施吸引园区外的会议会展活动。

湿地系统
规划的环湖和带状湿地系统将形成新城绿色的"肺"，既可以净化流入捞刀河的水体，又可以形成独特的湿地景观。

文化与体育中心
动感的建筑、潺潺的流水和共同形成了新城充满活力的音符。

新城八景
新城八景来源于浏阳的地域历史文化：相台春色、枫浦渔樵、鸿客斜阳、亭劳草、药桥泉石、巨湖烟雨、吾山雾霹、中州风月。这一个个富有诗意的名称也是新城核心区城市景观系统的构思来源。

一个多功能的办公室
2010 年
证券大厦办公室改造

■□ 认识 研究 评估 决策
□□

长沙公司董事长（女）办公室兼朋友聚会会所。
独特，可以办公、喝茶、休闲和娱乐。
总造价 20 万元人民币（限价设计、取钥匙工程）。

可以同时办公、喝茶、休闲的空间；
以旋转来获得更大的空间尺寸和功能容量；
以格栅吊顶掩盖原有的顶部线路和管道，同时隐藏灯具，见光不见灯。
以变换的区域灯光来对应空间的多功能；
以抽象的自然元素为轴旋转空间；
以型钢、清水混凝土板、欧松板和橡木板来体现时尚与古典、粗犷与细腻、魄力与魅力；
以现场手工制作来体现设计价值；
选购宜家家俬来获得设计的整体效果和最佳的性价比。

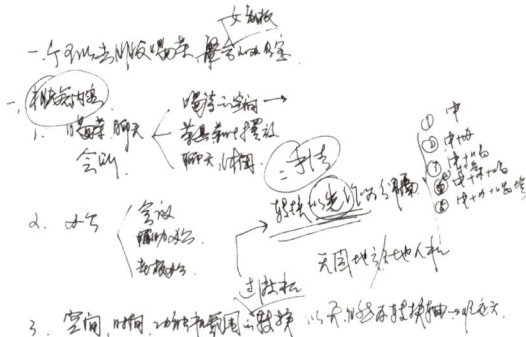

■■ 生成
□□
一个可以与朋友喝茶、聚会的女老板办公室

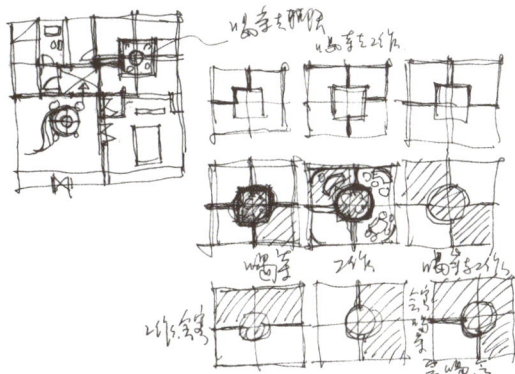

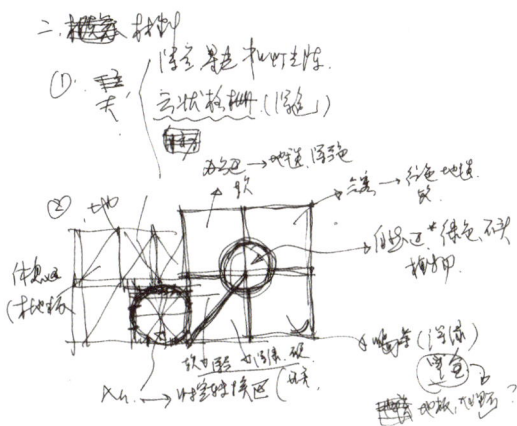

■■ 描述 设计

基于黑茶产业链的保护规划
2011 年
湖南益阳安化黄沙坪历史文化街区保护规划

■□ 认识 研究 评估 决策
□□

规划背景研究

区域状况

安化县位于湘中偏北,雪峰山脉北部,资水中游,是一个山区,东与桃江、宁乡接壤,南与涟源、新化毗邻,西与溆浦、沅陵交界,北与桃源、常德相连是湖南省第三大县。

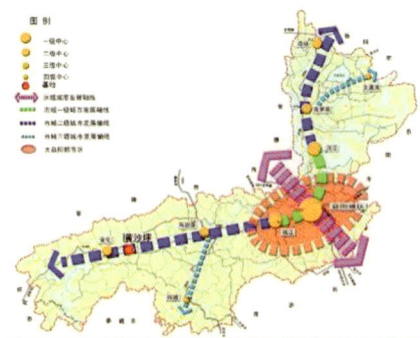

地理环境

地域东西长而南北短,地势自西南向东北倾斜,南北形成"V"形,东西形成"W"形。境内群山连片,丘、岗、平地分布零散,山体切割强烈,溪谷发育,水系密度大。这种高山坡地,可开辟成熟土,栽种茶树,建成茶园。

气候

县域属亚热带季风气候区,四季分明,雨量充沛,严寒期短,适宜于茶树的生长。

自然资源状况

安化名胜古迹颇多,风景迷人。林海莽莽的省级柘溪森林公园,拥有世界第一冰碛岩的省级雪峰湖地质公园。古迹亦多,有保护完好的文庙、武庙;有石人石马、陵墓享堂、御书御撰扁牌一应俱全的陶澍陵园等。

现状照片

■■ 生成
□□

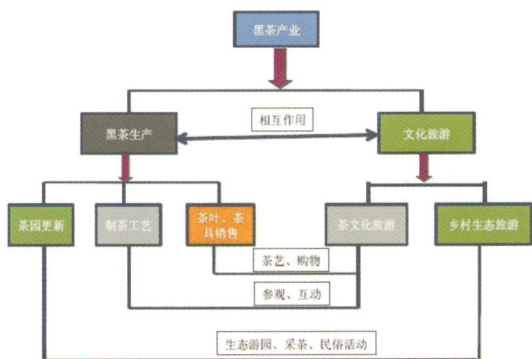

打造具有安化地域特色的黑茶文化名片。

完善和提升安化黑茶产业链的品质和规模。

运用科学和高质量的研究和规划设计手段焕发老街的新生。

构建国际黑茶生产、销售、研究和文化传播的基地。

■□ 描述 设计

总体布局

黄沙坪古茶市总体布局按产业链规划分布为：茶文化休闲娱乐区、茶产业区、制茶工艺展示区、茶叶及相关产品销售区、茶文化旅游区、沿江茶文化及江岸展示区七个大区以及一个茶艺培训基地。

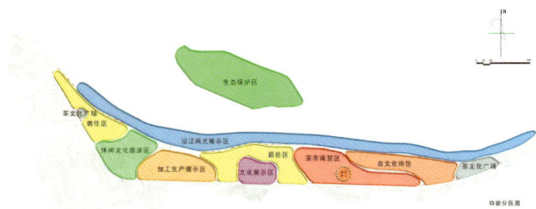

地块改造更新模式

在对建筑进行评定的基础上，将规划道路围合的街坊内的地块划分为保护、保留、改善、更新四种类型。划分地块更新改造类型时，应满足地块成片更新和特殊建筑具体对待的要求。

小规模渐进改造模式

规划将用地按照现状土地使用情况和地块内建筑情况分为保护区、控制区、协调区三种类型，要针对不同的地块，实施相应的更新改造，重点对改造地块提出控制与引导措施。

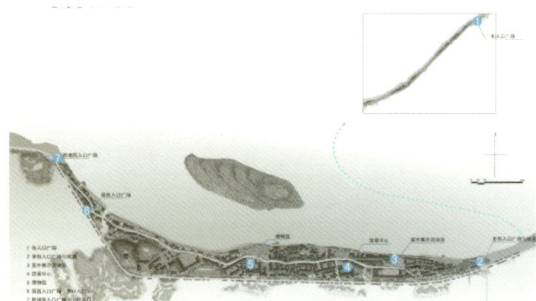

茶文化重点区域规划景观节点索引图

成片开发对于历史街区的建筑环境和风貌是一种破坏，应当采用一次规划逐步实施的办法，分小块进行小规模渐进改造，即实施与社会经济条件相应的适当规模的重建、补建、整治、保护和修缮及整体环境的整治和改善。鼓励现有住户参与，以减轻政府的负担，制定一套综合的相关政策，以鼓励小规模渐进式改造模式的应用。这些政策不仅应包括诸如土地、户籍、拆迁、安置、规划等政策，还应配套以多样化的金融政策。

采取小规模渐进式改造，再加上同一地块内保护保留和改善部分有一定价值的旧建筑，让新旧建筑风貌统一、有机融合，使老街不仅能保持传统风貌，而且逐渐新陈代谢，有机更新。

重点控制区域建筑维护及保护

老街入口沿街立面改造　历史遗迹建筑立面改造

重点控制区域景观节点

老街入口广场及栈道　历史遗迹建筑及老街

茶文化国际贸易中心　钱庄及文化广场

东入口广场　西入口广场

试题解读

试题解读比设计竞赛和实际项目更像作文考试，因此，命题和命意作文的规律能够更明显地应用在这种情况中。命题设计方法可以更有效地审题、立意、提炼、选材和表达，还可以很好地自我判断审题的准确性。

与设计竞赛和实际项目不同的是命题人、作文人，以及题目的时间、空间和规模限制差别很大。也就是说，竞赛出题人、甲方和任课老师的出题目的是不相同的。竞赛出题人想要的是思想，甲方想要的是有思想的结果，任课老师想要的是思想、结果和技能展示。竞赛的题目空间是最大的，设计考试的题目空间其次，实际项目的题目空间是有限的。设计竞赛和设计考试的是内涵规模大、形式规模小，而实际项目的往往是内涵规模大、形式规模也大。所有这些类型唯一相同的是时间，所有的竞赛、投标或作业都以一个定量的时间为分母，只有在分母确定的情况下才能区别水平的高低。

快速城市化与中国建筑空间的发展
南京大学建筑学院
2006-2007 学年研究生概念设计考试题目

■□认识
□□

城市化是指社会生产力发展而引起的乡村变成城市的一种复杂过程。这一过程表现为城市和城市人口数量的增加及城市质量的提高，其中包括：经济结构、产业结构、社会结构、空间结构等各类城市结构的调整；工作、居住、交通、通信、休闲等各种城市功能的增强；以及效率的提高、环境的改善、传统文化的继承发扬，资源的集约和合理使用，居民生活方式和思想观念的转变等。根据发达国家一些城市人口增长的周期变动，一些学者提出了城市化进程的空间周期理论，即由集中城市化、郊区化、逆城市化、再城市化四个连续的变质阶段构成大都市区的生命周期。

美国经济学家、诺贝尔奖获得者斯蒂格利茨曾经预言：在 21 世纪初期，影响世界最大的有两件事，一是新技术革命，二是中国的城市化。继发达国家城市化之后，世界城市化发展研究的主流正在向发展中国家转移，中国的城市化由于它特有的国情而成为世界关注的焦点。现代中国的城市化进程经历了一个曲折的过程，目前，我国的城市化正进入一个稳步快速的发展时期。

通过分析研究世界城市化发展趋势、中国城市化的特征以及城市化对中国城市和建筑的影响机制，然后，选择一个研究方向，提出快速城市化过程中的中国建筑发展特点、问题、发展趋势及解决办法，并将研究成果用形式语言表达出来。

进度

第一周——第三周：

1.1 场地调研与表达：Landscape Transformation

1.2 文本阅读：Text Reading

1.3 阶段汇报与研讨：Interim Presentation

第四周——第六周：

2.1 概念设计研究：Conceptual Design

第七周——第九周：

3.1 概念表达：Conceptual Transformation

第十周：

4.1 设计答辩：Design Critic

成果要求

图纸（2-4 张）

模型

PowerPoint 演示

出题人

叶强

第一组

●○○研究 评估 决策

2006 年 11 月 25 日

意向一 乡村住宅城市化的模式探究

意向二 "城中村"与"新城中村"改造实践与
探索

意向三 城市建筑文化的构建与保护研究

意向四 "担担客"的生活

评议

已经产生的四个意向的内容较有深度，意向一的内容往下发展比较有新意，只是你们还没有将内容进行抽象和概括。我产生了一个概念想法可供你们参考，就是"模式的侵入与回归"，意思是如何在乡村城市化的过程中，通过对生活、文化与空间模式的思考和重构，避免乡村城市化的现有模式中的问题，创造出新的生活、文化与空间模式。模式与概念的产生可以来源于生活，而"概念"中的内涵完全可以高于生活，不要变成实际工程的内容，也没有可操作性方面的问题。

关于概念的产生有很多种方法，最后产生的东西其实可以是任何东西，也许空间是这个概念的载体或表现场所，也许是其他东西，只是要发挥一些想象力和创造力。

2006 年 12 月 10 日

秦淮风光带——时空走廊

发掘出各个历史时期在此地的主要的遗迹，加以维护与修缮，展现当时的风貌。同时用有形的与无形的链条将同一时期的各主要景观节点串联起来，形成一条时空走廊。

历史文化背景下的城市面貌的变迁——桥。

以"桥"为历史信息点，以河道为载体，将"桥"作为"文化码头"，进行历史信息展陈。

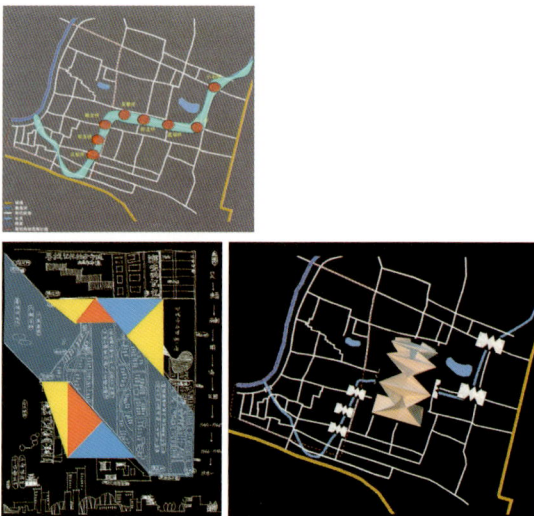

评议

你们还是没有进入概念设计的角色，时空走廊完全变成了一个实际项目的研究，桥方案也基本如此，只是抽象了一个空间的形式而已，没有将文化背景、桥、河、空间等城市要素很好地融合起来，其实你们这个概念非常有意思，基础很好，就是你们要彻底改变原来做实际项目的思考和表达方式，只有这样才能尽快进入角色。

建议想办法与同学或老师多讨论，多看看竞赛作品，去看看印象派的画，其实你们是在讲一个在快速城市化过程中消失了的城市文化恢复的故事，其实这只能是借助空间、桥或其他东西作为载体来恢复文化背景和城市文化印象。

2006 年 12 月 17 日

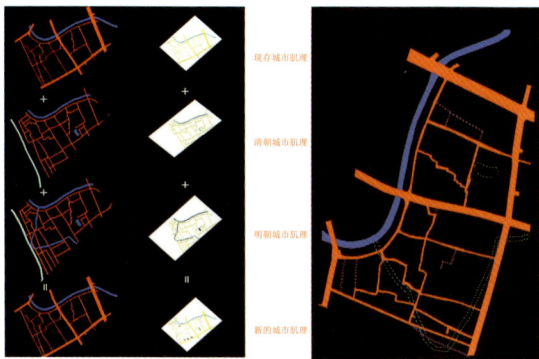

秦淮河——城市之魂
以秦淮河的不变来应万变
城市肌理是城市面貌的主要内容，它的改变决定了城市面貌的变化，因此只要了解了各个主要历史时期的城市肌理就可以知道城市在这个时期的面貌。用发展的眼光来看待城市面貌的变迁。

评议

你们还是没有进入概念设计的角色，居然还是把这样一个很好的概念设计内容做成了实际研究项目。关于概念设计，你们两个人的思路都极为相似，没有产生互补现象。我现在只有建议你们在这两天的时间内找到一个类似的你们感觉喜欢的以前的竞赛获奖或概念设计作品来作为模板，从模仿开始，这样看看能否找到一些感觉。

关于这个空间和转换形式，你们应该形成多个形式和方案，越多越好，只有这样才能从中选择或产生好的想法。

2006 年 12 月 23 日

发现问题
人与河流：物质关系——精神关系

河流空间定位
河流空间在功能上是随着时间的发展逐渐增强的

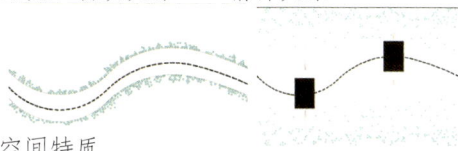

河流空间特质
上：都市的延伸面
　　对外界的认知
下：独立的线形空间
　　不受外界的干扰

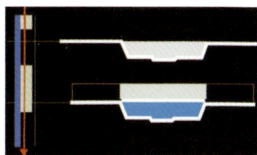

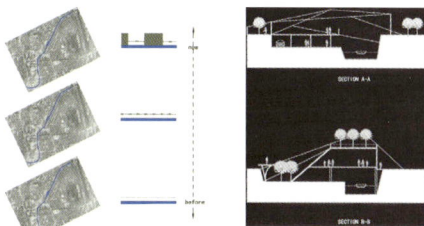

节点剖面空间策略

2007 年 01 月 01 日

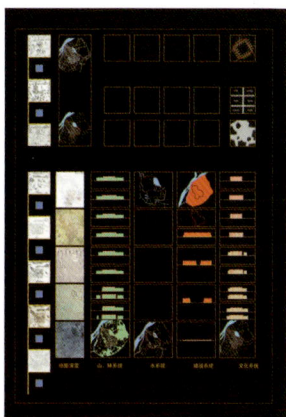

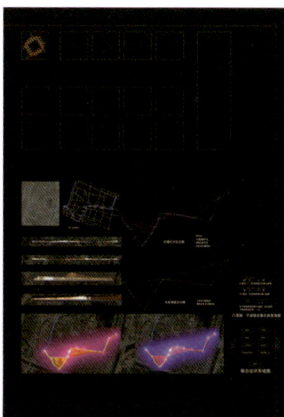

2007 年 01 月 06 日

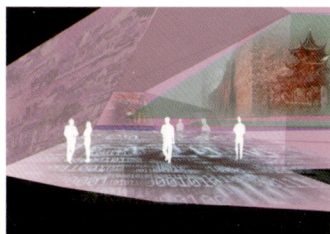

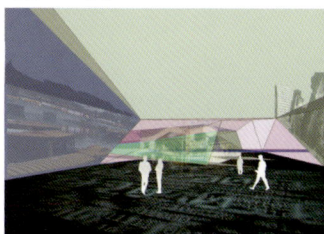

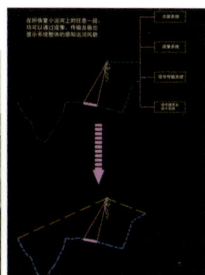

●○ 生成
○○

寻找城市记忆
Looking For City-memory

O<物体<-F 在同侧成正立放大虚像

2F<物体 在异侧成倒立缩小的实像

在平面镜两侧成等大的虚像,左右相反
平面镜等角反射,a=b

凸透镜 平面镜成像反射原理图

●○描述 设计
○●

BACHGROUD

PROBLEM

将城市化进程浓缩于平面之中

5-1 5-2 5-3 5-4 5-6

ANALYSIS

地图　　　　　　　绿化　　　　　　文化信息点　　　　水系　　　　　城墙

LOOKING FOR CITY-MEMORY OF NANJING

REFINE

CONCEPT

凸透镜 平面镜成像反射原理图

区位图　　　　秦淮河现状

IMPRESSION

MEASURE

LOOKING FOR CITY-MEMORY OF NANJING

第二组
●○○研究 评估 决策

2006 年 11 月 25 日

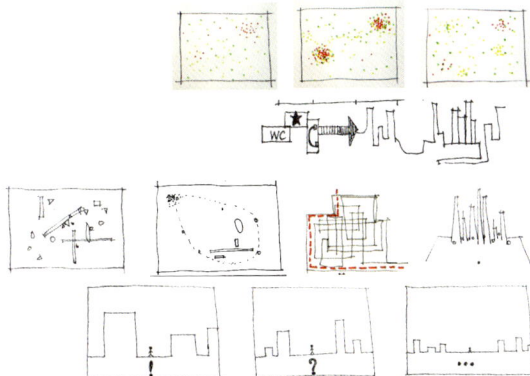

意象一：有关城市交通问题

意象二：蜂窝状的城市平面乃至空间积聚形态

意象三：改善城市流动人口居住条件

意象四：城市"手提箱"

评议

你们现在已经产生的四个意向的内容比较有深度，而且，我觉得其中意向二、四的内容往下发展比较有新意，只是你们还没有将内容进行抽象和概括其中的内涵。丁沃沃老师最近出版了一本概念设计的书，应该看看，建议仔细研究一下丁老师那书里面的东西以及一些相关的设计竞赛作品，特别是研究其中的内涵。关于概念的产生有很多种方法，最后产生的东西其实可以是任何东西，也许空间是这个概念的载体或表现场所，也许是其他东西，只是要发挥一些想象力和创造力。概念设计中"概念"的产生可以来源于生活，而"概念"中的内涵完全可以高于生活，完全不要去管制度、经济、人们价值观方面的问题，也没有可操作性方面的问题。

2006 年 12 月 10 日

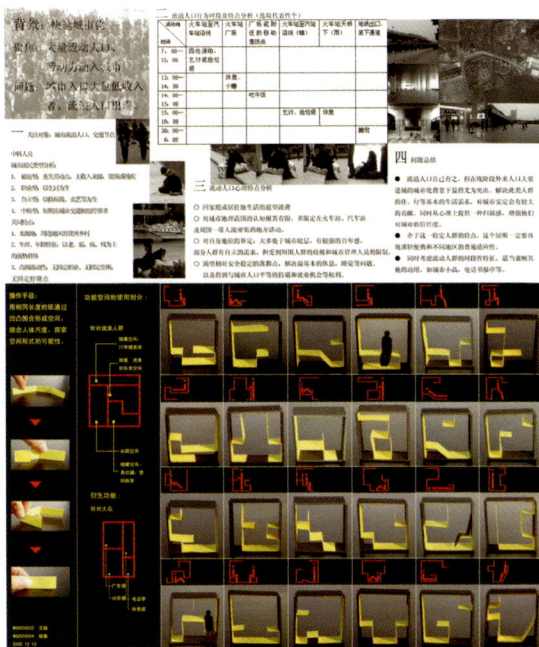

盒子
为流浪人群服务，体现可携带性
兼有为城市市民服务的公共设施性质

评议

要把你们以前的调查资料充分深入地利用，如对这一类人群的分类以及行为方式的研究，创造的空间可以充分适应他们的各种需要。

我觉得你们把为流浪人群服务的功能发挥到极致，不要扩大到其他的人口类型。

现在还有两个面没有利用，看看能否从空间的角度对现在的模型进行发掘，应该还有更多和更好的内容。

至于方案的名称要尽快想，它是概念的核心，对整个设计具有关键性的贯穿作用，因此要一边深入一边想题目，有时可以两个人闲聊和聊设计以外的事情，就像想"天下无车"的概念一样。

2006 年 12 月 17 日

我们希望，在这个可移动的"家"中，流浪者可以在最大程度上感受到安全感，或是短暂的归属感、稳定感。有关精神方面的空间体验和功能的进一步拓宽将在后面的工作中继续进行研究，在功能方面，我们希望不局限于他们现有的生存模式，而是在我们提供的空间下可以产生新的模式以供选择。在空间的实现方面，材料的厚度会影响空间压缩的可能，压缩的手段在后面还有待深入考虑。

适用功能：睡觉 休息　　适合人数：1～2 人

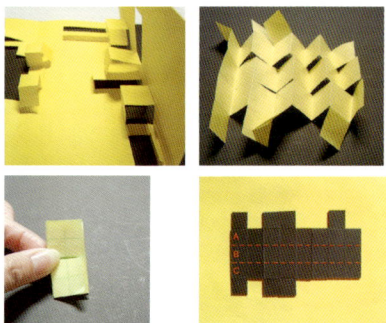

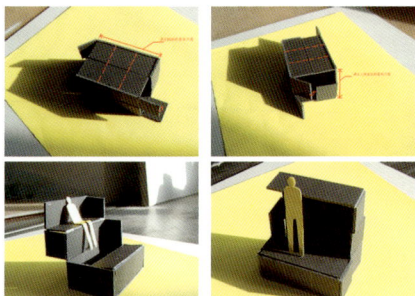

适用功能：行李存放、废旧物存放、休息、打牌聊天、用餐
适合人数：2～4 人

适用功能：休息，用餐，表演（流浪艺人）
适合人数：1～2 人

评议

可以尝试进行图面表达了，可以在图式语言的转化过程中继续添加内容，这样可以提高效率。
赋予这个比较物化的空间一些精神空间功能是一个很重要的事情，可能还要加上城市人看他所能产生的感受，这样的话，这个空间既能够满足使用者的作用，又能够真正起到协调与城市空间和人群协调的作用，让这个容器与他的使用者一起融入他所在的城市空间中。

2006 年 12 月 23 日

城市手提箱
流动人群类型特征分析：年龄差别、性别差异、功能需求、交流需求……
空间分析：从剖面入手的空间可能性分析。
用相同长度的纸通过凹凸围合形成空间，结合人体尺度，探索空间形式的可能性。

空间转化：如何实现空间压缩
模数确定：600×600

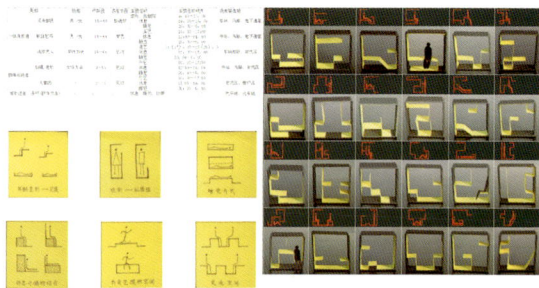

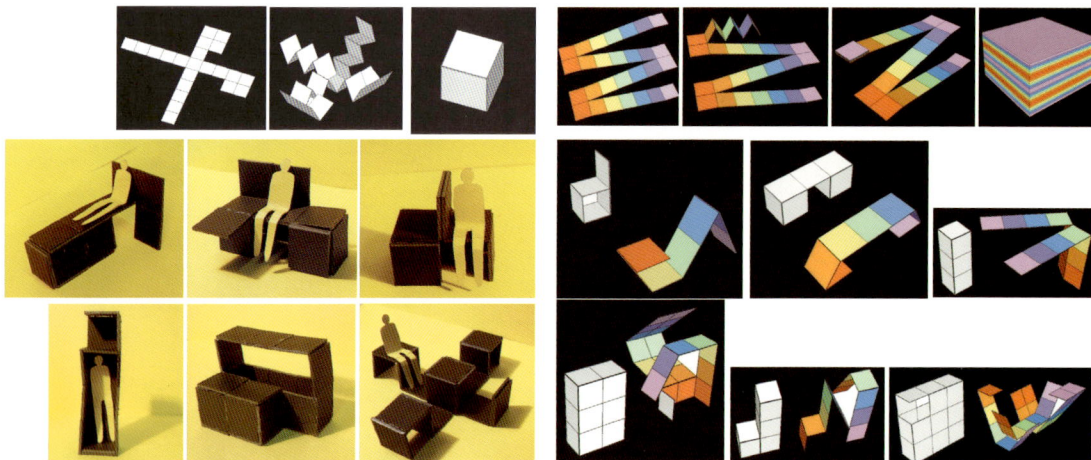

箱式　重叠

2007 年 01 月 01 日

通过研究人体基本尺度和家具尺寸，将模数确定为 500×500。

最后按照人睡觉需要的最小尺寸确定模块为 18 块（红色代表需连接的边）。

连接方式目前考虑有三种：合页，打孔穿圈，齿状咬合。

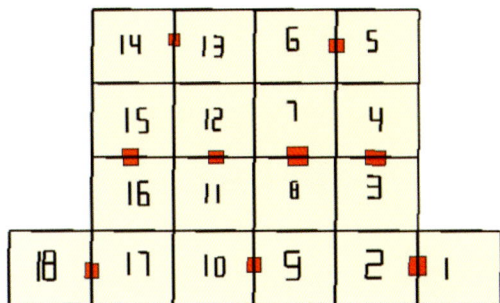

2007 年 01 月 06 日

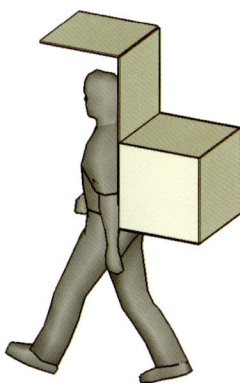

装行李　吃饭
遮阳避雨　休息

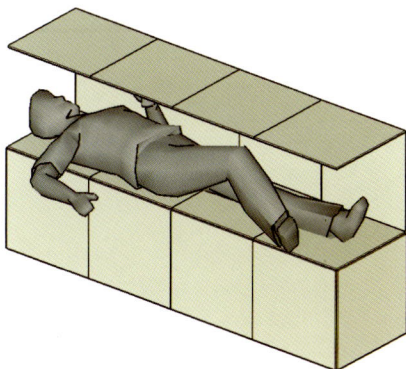

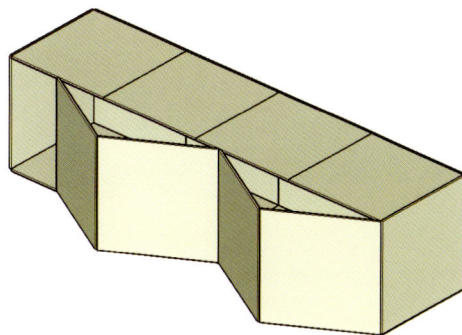

睡觉　储物　睡觉　储物
春夏季使用　秋冬季使用

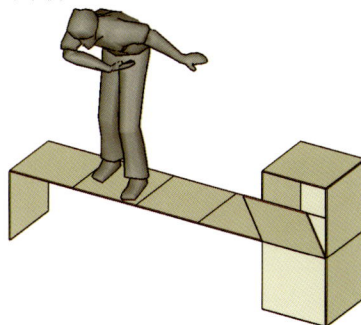

聊天休闲　卖艺　储物
双人或多人使用　展示台

##● 生成

流浪日记
——重读城市流浪生活

##● 描述 设计

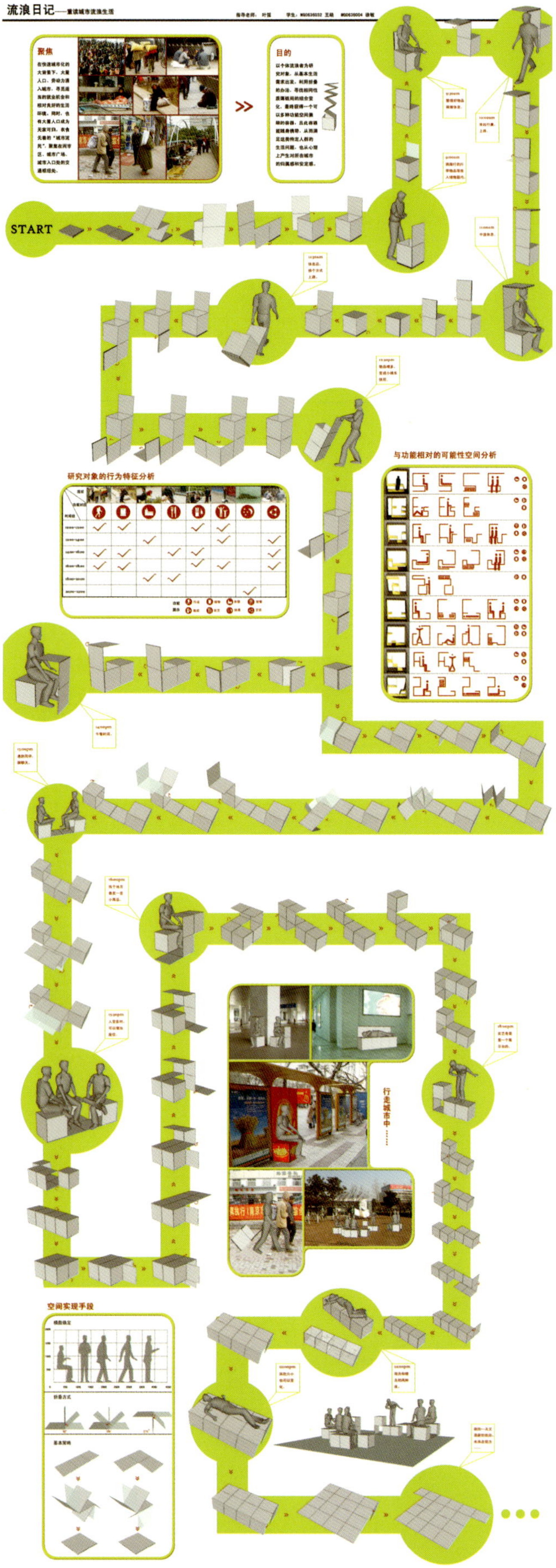

流浪日记——重读城市流浪生活

聚焦

目的

START

研究对象的行为特征分析

与功能相对的可能性空间分析

行走城市中······

空间实现手段

第三组
●○○研究 评估 决策
2006 年 11 月 25 日

意象一：移动的城市——自行车上承载的中国城市交通。

意象二：电影（媒体）中国城市——中国城市拼贴——城市电影。

意象三："拆迁"引起的问题
建筑废料的利用问题。
拆与建。

评议

你们现在已经产生的三个意向的内容可以，只是你们还缺乏新意，没有将内容进行抽象和概括，我产生了一个概念想法可供你们参考，就是"拆与建的平衡"，其中包括如何利用空间手法和物理学原理解决快速城市化过程中的物质和精神空间的平衡问题……

2006 年 12 月 10 日

角度一　角度二
关键词：速度 视阈　关键词：沿街立面墙 围城 交流

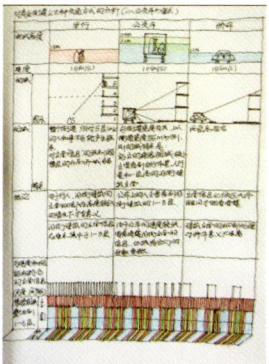 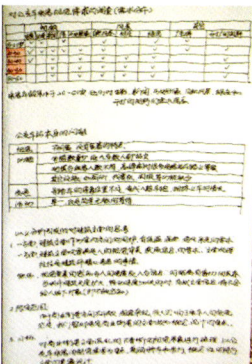 

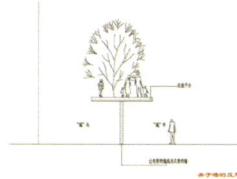

评议

角度一已经很有意思了（角度二跑题了），就把"城市之眼"、公交车站、沿街建筑立面、城市空间里面的故事讲清楚就很好了。

现在的主要精力可以开始往空间、形态、色彩等方面转了。

2006 年 12 月 17 日

根据上周的成果，选取具体的城市片断进行调研，分析基地状况，找出主要的矛盾点，试图寻找解决问题的策略。

体验城市，发现问题——对问题和策略进行初步探索——再次体验城市，选取具体的地块进行分析——从具体的问题中抽取城市中普遍存在的问题——对于具体问题采取具体的解决办法，然后总结出能推广于城市的策略。

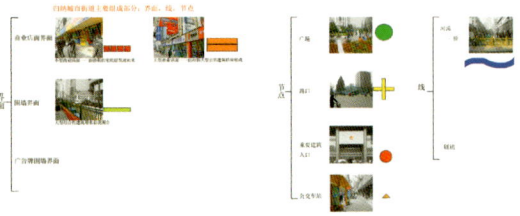

评议

空间的信息化是你们这个阶段的主要研究结果。

你们还要把纷繁的信息再抽象和浓缩一次，感觉有些信息的载体还不太有意思，其实你们的城市之眼，主要记载的是每天绝大多数城市居民的视觉印象，可能要做一些调查和采访，去看看他们的真实感受。

如果把空间的色彩、记忆、文化、速度和时间等信息要素叠加起来可以是一个五维的空间，这个空间可能不是一个简单的单体空间或一个空间界面，可能是一个精神、物质或文化的空间，甚至可能是一个虚拟的空间，形成这个空间的材料可能是物质的，也可能是非物质的，这个希望你们充分发挥想象力。

2006 年 12 月 23 日

80% 的城市之眼。

公交车上的旅程就像一段有起点和终点的故事，窗外的风景就是组成这段故事的素材，怎样让这 80% 的人群每天都读到不同的丰富的故事？

尝试加入一种视觉功能盒子，起到兴奋视觉的作用。

角度一：在现有界面的基础上试图注入一些视觉兴奋点来改善视觉感受。

角度二：对于城市界面本身的一种反思。

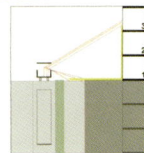

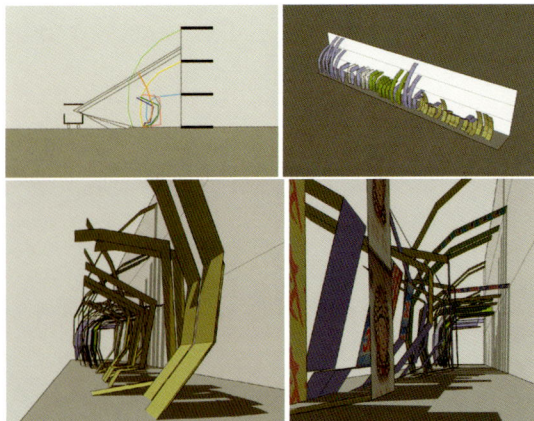

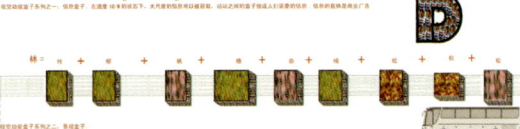

2007 年 01 月 01 日

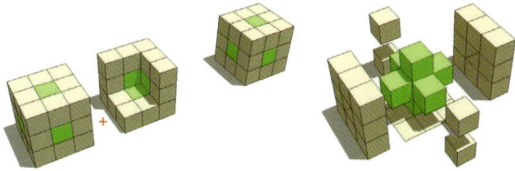

自意识庭院 self ware courtyard

概念生成:此时建筑居住单元依赖庭院而存在,庭院成为整个单元的结构核心。庭院不是建筑以外剩余空间,赋予庭院具有自我意识的空间的属性。

庭院自意识一:可漂浮

当庭院成为建筑单元生存的条件时,庭院成为和外界环境沟通的媒介。建筑基地不再能制约建筑的发展。

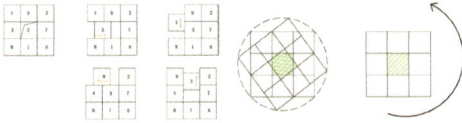

庭院自意识二:控制建筑位置自调节意识

自转(庭院集聚能量推动自转)单元体内可根据需要转变朝向和景观。

平移,因为庭院空格的存在各个单元可以相互交换位置。

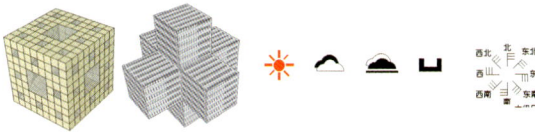

庭院自意识三:气候自调节意识,形成庭院内部自我适应气候。

庭院自意识四:信息自调节意识。

2007 年 01 月 06 日

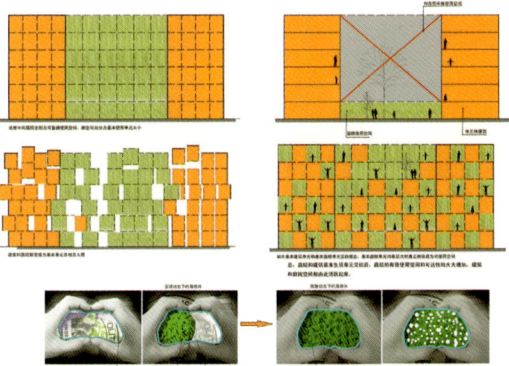

自意识庭院 self ware courtyard

城市的发展,传统的院落式住宅逐渐被能适应城市急剧增长的人口的高密度住宅小区所取代。

假设原庭院面积为 X,碎片化后的庭院面积为 3X ~ 5X,庭院可使用面积大大增加。

建筑以无间距但是有庭院孔洞的状态存在,建筑单元通过庭院孔洞生存。

步骤一:从传统中感性的抽象出基本型

从传统院落中抽取出九宫格布局形式。

六套平面九宫格系统的交错,形成由一个中心庭院统帅边庭院的形式。

步骤二:理性证明基本形组合发展的合理性,即能否有效化解现存庭院上空的无用空间为有用的效率空间。

形成一种以基本型在基地上向 x、y、z 轴方向均衡发展,并形成有层次的庭院空间的居住模式。

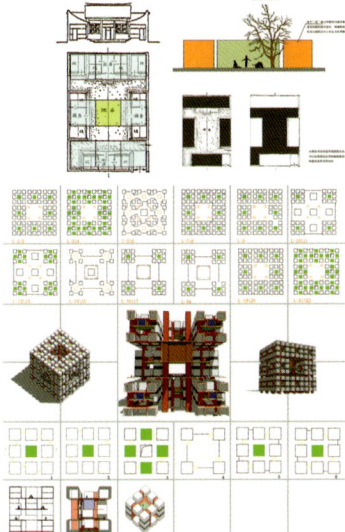

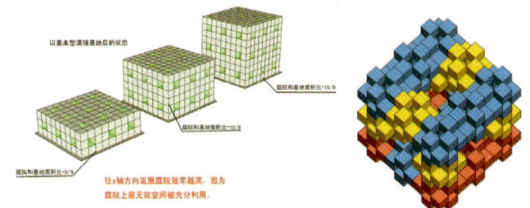

●●生成
自意识庭院
self ware courtyard

●●描述 设计

play with my courtyard 1

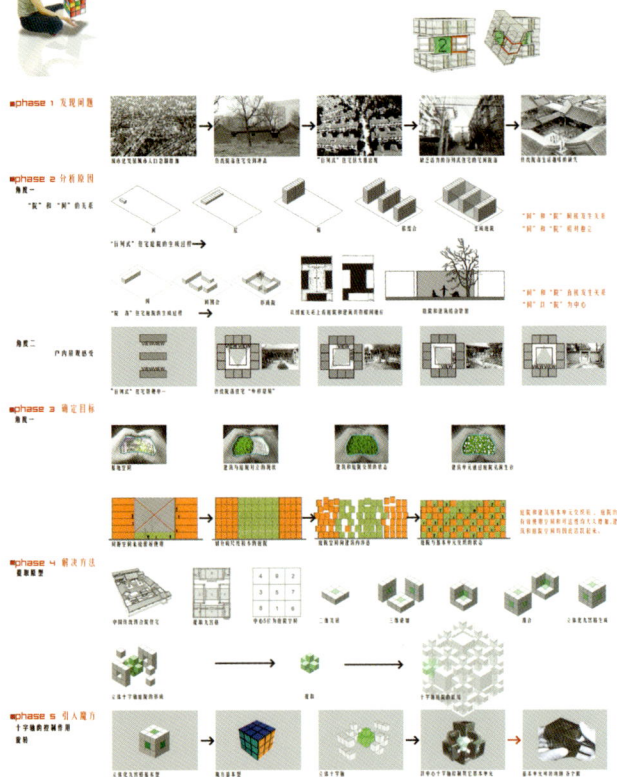

■phase 1 发现问题

■phase 2 分析原图
角度一
"院" 和 "间" 的关系

"台河式" 住宅布局的空间过程→

"间" "院" 住宅布局的方法过程

角度二
户内景观感受

■phase 3 确定目标
角度一

■phase 4 解决方法
建筑原型

■phase 5 引入魔方
十字轴的控制作用
重组

play with my courtyard 2

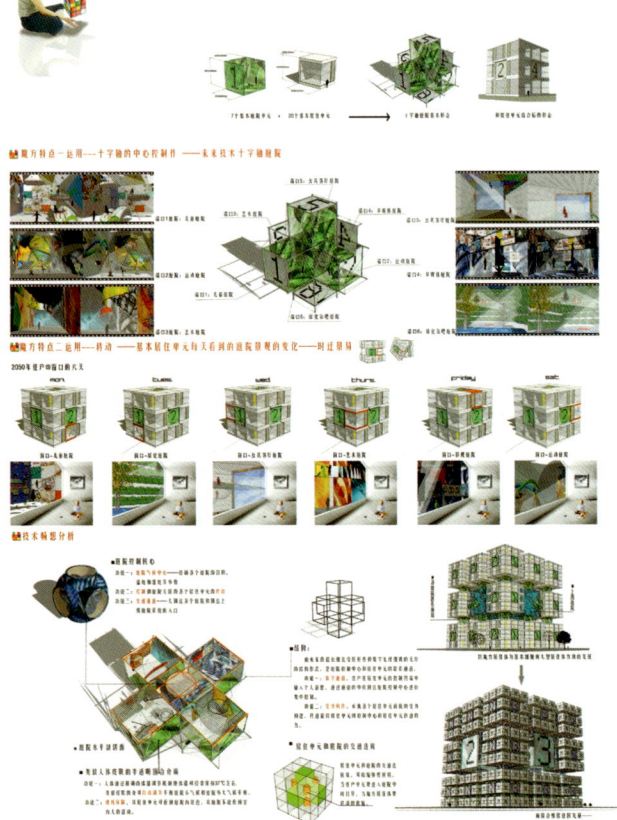

■魔方特点一 运用——十字轴的中心控制作用——未来技术十字轴庭院

■魔方特点二 运用——转动——基本居住单元与看到的庭院景观的变化——时过景异

2050年 住户每日日常式天气

mon   tues   wed   thurs   friday   sat

■技术编题分析

第四组
●○○研究 评估 决策

2006 年 11 月 25 日

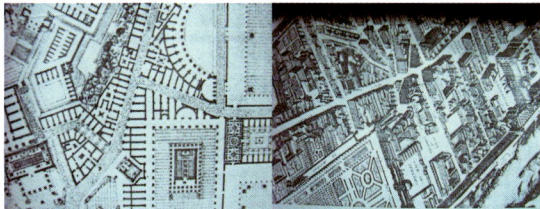

意象一：城市中，建筑退"用地红线"的"空地"，或者说，城市中，除了道路和建筑基地以外的空间。

意象二：城市化导致建筑尺度的进化。

意象三：权利影响下的城市空间。

意象四：利用现有城市空间解决城市停车难的问题。

评议

你们现在已经产生的四个意向的内容较有深度，只是你们还没有将内容进行抽象和概括。我觉得提案一的内容结合提案二或四往下发展比较有新意，我产生了一个概念想法可供你们参考，就是"加密的空间"，提供一个给中国城市加密的方案永远都是有意义的，只是如何加密值得研究，一定要有创新性和独特性。概念设计中"概念"的产生可以来源于生活，而"概念"中的内涵完全可以高于生活，完全不要去管可操作性方面的问题。

2006 年 12 月 10 日

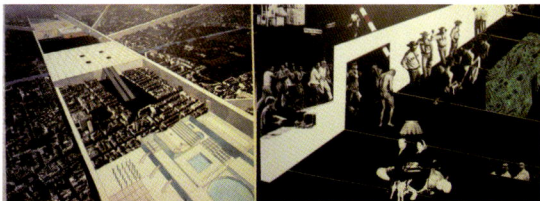

worst city

人们都在抱怨城市中的种种不好，都希望城市可以变得更好，许多人在做着自以为让城市变"好"的事情，到底什么样的城市是好的？如果我们停止做让城市变"好"的事情，城市会"坏"到什么样子？

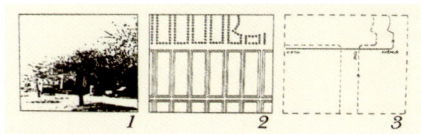

城市有两种解读方式：

a group called city 场所
a place called city 集合

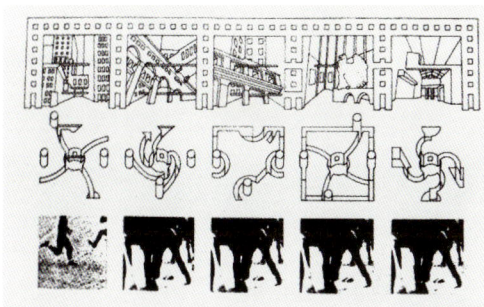

city= group 人们不满城市，是不满意以城市作为载体的生活方式

city= place 人们不满城市，是不满意城市中的空间

我们可能要抓住城市自己本身存在的矛盾，而不是由于生活方式，制度等问题引发的矛盾，来深入研究这些矛盾性，可能将某一个城市的某些矛盾，通过几种不同的媒介分别表达。

评议

目前你们的想法还基本停留在第一阶段，也就是说是资料阅读和研究阶段，还没有形成自己的东西，也感觉不出现在的想法是否成立或如何进展。

你们看的资料很有意思，如果能够从中得到启发或产生好的概念那是最好，但现在的时间要求你们要尽快缩短时间上的缺陷。

希望尽快把现在的思路发展下去，要做到上次见面讨论的深度再发给我看看。

2006 年 12 月 17 日

都市局部改良计划——对城市进行的基于情境主义和微观都市方略的操作。

通过观察与都市化几乎同时出现的都市病等问题这一表象，可以发现经典城规理论已经无力应对资本运作下的都市发展。与盲目快速的都市建设的大量蔓延和自主建造的老城区的消逝相对应的，是资产阶级意识形态物化而成的"奇观社会"对人的深层控制和人对真实生活和真实生命存在的放弃。微观都市方略理论希望通过利用现有都市状况而进行的局部操作来影响都市，进而唤醒迷失在"奇观社会"中的人。

对本概念设计中历次设想的反思：

无论概念设计或是方案设计，都是以某种理论作为背景的一次逻辑思考的过程。

第一次提出的概念"加密城市"以及对其进行深入而提出的具体操作，可以看作是意图通过"创造性"的运用经典城规理论解决其自身痼疾的尝试，从逻辑上讲即不成立；第二次提出的概念"最坏城市"以及由其发展的通过想象和描述来对比和分析城市形态的想法，因为没有足够的关于城市的思考和明确的理论支持而易于沦为空谈。

评议

对以前的反思是好的，但反思的内容是不深刻的，这次的成果依然，基本上是空想，缺乏逻辑性。

这次的成果深度太浅，还不如前面被你否定的成果。希望两天后能够有更深入一些的成果。

你们工作成果的延续性和阶段性不好，这样会严重影响工作效率。你们都是非常有个性、追求完美和希望做出好东西的人，但太强的个性往往又会是自己取得进步最大的障碍，追求完美是有时间概念的，当时间不允许的时候，完美是没有意义的，希望你们能够调整思路和改变工作方式，尽快进入角色。

2006 年 12 月 23 日

Rolling House

人们生活在平面上
如果几个平面在一个转轮中
人们可以生活在几个平面上

多维空间加密
颠覆了建筑只能竖向上发展的形制

启发性设计
大跨结构
可达性

多人使用的可能性
形成聚落的可能性

2007 年 01 月 06 日

快速城市化与中国建筑空间的发展
旧城墙中的集合住宅改造
线索壹：
题目：城市化
城市化：又称作都市化，是指人口不断向城市聚集、
城市数量和**规模**不断膨胀的现象。是在工业革命和商
业革命共同作用之下的历史进程。一般都市化程度的
大小是以都市**人口**占全国人口的比例来评定，数值越
高，都市化程度越高。

两种 城市扩张
表现：旧城更新
城市**居住区**更新是城市建设的重要内容，亦与广大城
市居民的切身利益相关，具有重要的现实意义。

两种 大拆大建
方式：重新利用
原有的城市肌理在短时间里被新的城市形态所取代；
原有的邻里关系逐渐化灭，城市居民的不安感日益强
烈……20世纪中期西方城市更新运动的历程表明，大
规模改造城市无论在解决城市居民的居住状况问题上，
还是在**改善**城市环境方面都没有取得真正的成功

线索贰：
题目：建筑空间

两种 感受
性质：使用

两种 空间
定义：面积

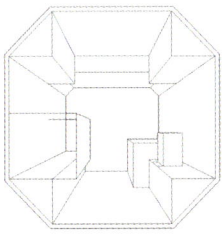

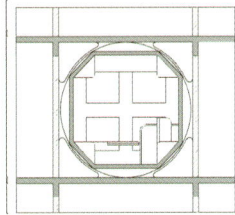

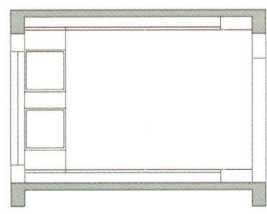

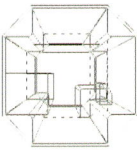

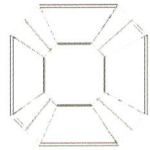

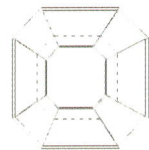

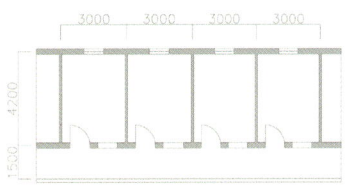

筒子楼改造前

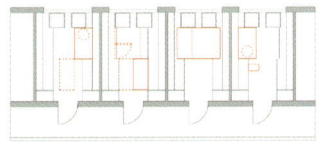

筒子楼改造后

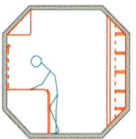

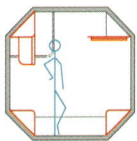

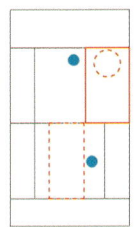

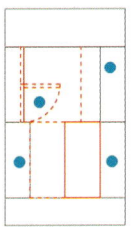

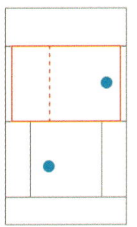

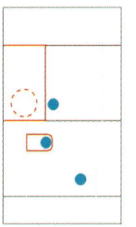

WORKS

●● 生成
集合住宅改造

●○ 描述 设计

快速城市化与中国建筑空间的发展
旧城中的集合住宅改造　　1

线索壹—关于城市化
题目：城市化
我国的城市化正进入一个稳步快速的发展时期．

城市人口骤增

城市空间压缩

两种 城市扩张
表现： 旧城更新

城市居住区更新是城市建设的重要内容，亦与广大城市居民的切身利益相关，具有重要的现实意义。

两种 拆建
方式： 重新利用

城市中的密度：

线索贰—关于建筑空间
题目：建筑空间

两种 面积
定义： 体积

1
2
$S_1 = S_2$
$2V_1 = V_2$

两种 感受
性质： 使用

感受

使用

线索壹+线索贰=旧城中的集合住宅改造
概念：通过旋转提高空间利用率

现状

改造后

两个 空间
变化： 平面

两类 团结户
住宅： 筒子楼

两个 分段
策略： 拉伸

两个 物品
部分： 场景

快速城市化与中国建筑空间的发展
旧城中的集合住宅改造　　2

单元模型　　标准剖面　　标准功能剖面

基本构件　　标准剖面　　标准平面

变异一　　变异一剖面　　变异一功能剖面

变异二　　变异二剖面　　变异二十字剖面

基本构成　　筒子楼效果总示意

民居示意　　室内效果图

第五组
●●○研究 评估 决策
2006 年 11 月 25 日

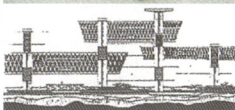

意象一：微观城市学（micro-urbanism）
"弱者的技艺"——城市游击
"针灸"——城市介入
意象二：城市化与身体
意象三："3D City"

评议

你们现在已经产生的三个意向的内容比较有深度，而且，我觉得其中方向一的内容往下发展比较有新意，只是你们还没有将内容进行抽象，概括其中的内涵。只是用"针灸"的概念来进行城市更新的想法已经在竞赛中出现过了（好像是近年的城市规划学生竞赛），感觉创新性少了一些，你可以找一下那个竞赛的作品看看，希望你能想出更好的概念。其实，你们研究的问题中关于快速城市化中公共卫生间的问题也很有些意思。你们自己选择吧。

2006 年 12 月 10 日

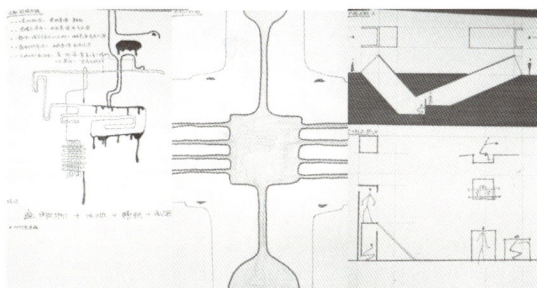

在城市化过程中，城市和乡村在彼此的边缘很多时候是相对模糊的，城与乡的对比和矛盾以一些相对缓和的形式出现在城市的边缘。

我们欲在设计中将这些问题和矛盾集中地通过墙这一形式载体进行表达。正如故事中所言，城市中有一部分人在被排斥被驱逐，在被遣往另一个地方。设计欲通过载体与身体本身发生的种种关系表达一种回归身体抵抗权力的人文主义精神。

评议

你们第一阶段的东西已经很深入了，但这次的东西感觉不出是第一阶段的延伸。可以参考别人的东西，但要经过消化后变成自己的东西，你们应该尽快把思路连接起来往下做。

2006 年 12 月 17 日

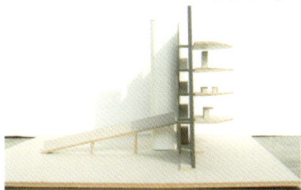

关键词：城市　身体　都市症候群　治疗
极端的城市空间形态造成了病态的心理感受
令人恐惧的城市。

和空间相关的恐惧症者之宅
在三个极端空间并置的空间中设计 3 个房子：
恐高者之宅、广场恐惧者之宅、幽闭恐惧者之宅。
分别置于高层之中、广场中央、城中村组团中。

评议

你们的工作的阶段性不明显，延续性不好，这样的工作效率会比较低。

这次和上次的东西感觉已经跑题了，只有第一次的东西还可以，可能你们的自我感觉还很好。你们是很有个性的人，但个性的发挥不是没有限度和场所的。你们应该很好地与老师和同学沟通，从别人那里去感受自己感觉好的东西是否真正好。建议重新认真研究题目和已有的成果，建议尽快调整思路和工作方式。

##●● 生成
身体与城市化

##●● 描述 设计

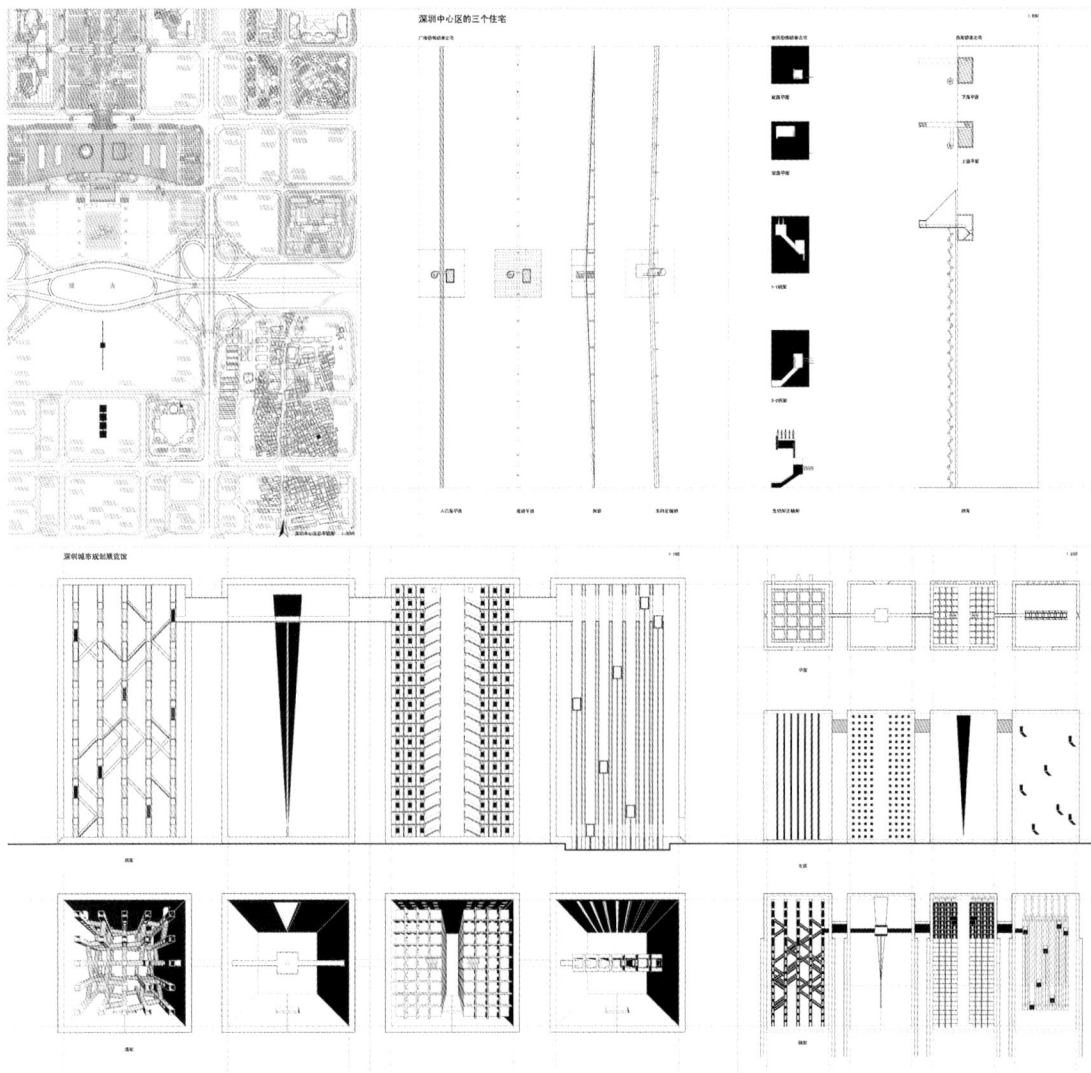

深圳中心区的三个住宅

深圳城市规划展览区

第六组
●●○ 研究 评估 决策

2006 年 11 月 25 日

意象一： 被动城市化 机会 心理引导
思考了乡村和城市的关系，分析了其中一种关系中农民这个群体与城市的矛盾关系，并设想了几种方式试图缓解这样的矛盾。

意象二：尴尬 巷道 网络
思考了城市交通尺度的问题，探讨了南京慢行道与城市历史文化之间的可能联系。

意象三： 混乱 适建 尺度
城市化进程中，已成形的都市往往由于发展中心的错位容易对城市的结构产生负面作用，我们必须确立一个适合城市尺度的中心，使城市以其为基点有规律地发展。

意象四：商业 历史 RBD 游憩
南京这个特殊的城市里，新城在旧城中建设，大量的历史遗产要在飞速的建设中得以保留，必须在新与旧之间找到一个平衡点。巷道与城市历史文化之间的可能联系。

评议
你们现在已经产生的四个意向的内容很有深度，而且我觉得概念一的内容往下发展比较有新意，只是你们还没有将内容进行抽象和概括，我产生了一个概念想法可供你们参考，就是"缓冲空间"，只是要抽象其中的内涵，例如，将城市和郊区空间比喻为"－1"和"＋1"，中间的缓冲空间就像"0"，……。

2006 年 12 月 10 日

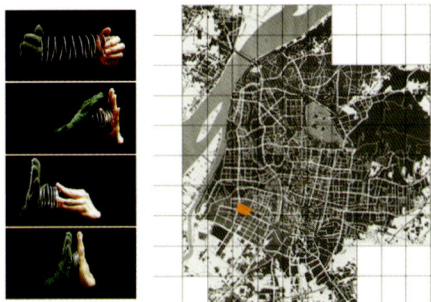

内部的力　　　　　外部的力

力的相互作用

缓冲空间

对象：南京河西所街片区。
理论模型：力。

把城市与被城市包围下的农村之间的关系抽象成两个互相作用的力的关系，用弹簧模型来表示存在的力的关系。

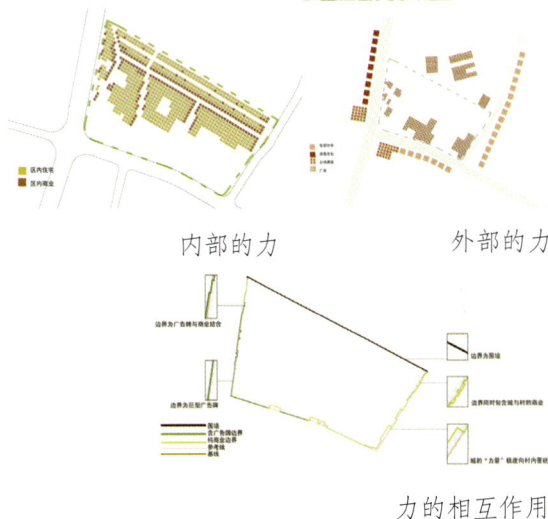

外部的力：交通、城市职能单位、公共设施。
内部的力：区内道路、区内人口。
力的相互作用：压紧、松开、村推向城。

解决方式：胡克定律的重新定义。

$F=k*\Delta 1$

K　　指内外区域固有的隔阂（负值）
$\Delta 1$　指两个区域之间的最佳距离与实际距离之差
F　　指人在这种距离下的实际心理感受

$\Delta 1=0$ 时　F=0　空间舒适
$\Delta 1<0$ 时　F>0　压迫感增强
$\Delta 1>0$ 时　F<0　冷漠感增强

评议
什么是胡克定律？它的应用条件和内容是什么？还要对胡克定律再进行仔细的研究，再把城市、空间和弹性空间的概念与这些东西相结合，创造出一个抽象的空间形式或形态，来诠释什么是城市与乡村之间的缓冲空间。这个空间可能并没有什么具体的功能，但却是符合胡克定律和概念要求的空间。

2006 年 12 月 17 日

解决原则

弹簧自然状态代表界面间最合适的缓冲状态，当现实呈现出其他状态时，缓冲空间需要被调整。

解决方式

找出地块中存在问题的空间，从构成空间的基本元素出发，研究在这样的空间中如何设置人的行为可以改善空间的不合理，同时可以让城市与农村的人保持合适的缓冲距离，争取解决边界上的力量的不均衡问题。

评议

你们的研究结果、过程和分析都很好，就是最后的理论总结、问题分析、概念抽象、空间转换、结果与原因的逻辑性联系方面还没有形成好的成果。你们把胡克定律的东西发给我，看看有没有什么启发，不要轻易放弃暂时不懂的东西，而熟悉的东西往往使缺乏创新性的，对于空间，你们也不要随便使用你们以前熟悉的空间概念，那往往不是概念设计中的空间概念。

我觉得你们最后形成的空间应该是一个可贯穿的、可压缩的、可移动和可拆除的空间（其实这就是弹簧的主要特性），它可以较好地平衡城乡空间发展中相互影响力的作用。这个空间主要放在研究中认为城乡发展两类力作用最集中和最不利的位置，也就是力的作用点，它平衡的主要是两类空间中社会、物质和精神等内力和外力的作用。

这个空间应该不是一个简单的单体空间，可能是一个精神、物质或文化的空间，甚至可能是一个虚拟的空间，形成这个空间的材料可能是物质的，也可能是非物质的，这个希望你们发挥想象力，找到最合适的介质、媒介或材料来让人们感受或感觉（其实很多虚拟的空间是可以被人们感受的，比如博客、网络空间）这个材料形成的空间的存在。

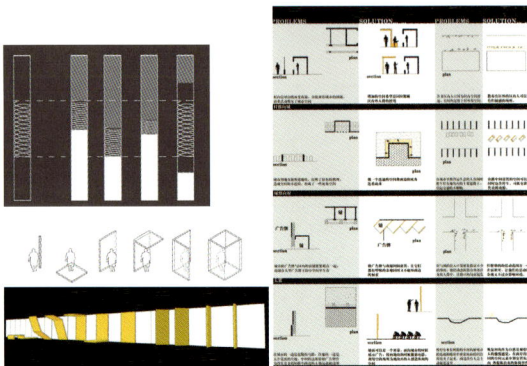

2006 年 12 月 23 日

Party Boundary

这样的一个聚居地可以让移民以一个相对缓慢的速度找到他们自己与社会的整合方式，所以他们虽然生活在--个在城市中相对隔绝的地方，但时刻准备着或者期待着被城市接受。

缓解力的作用
储存或释放能量

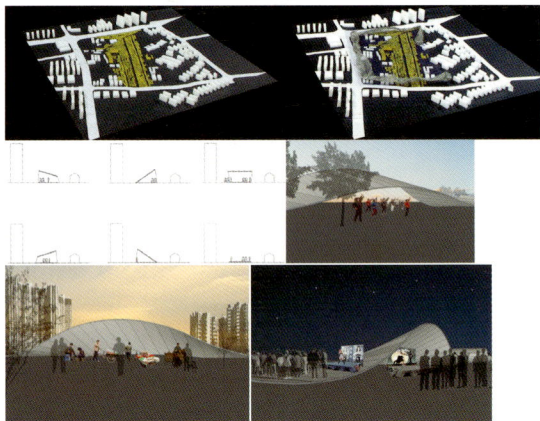

2007 年 01 月 06 日

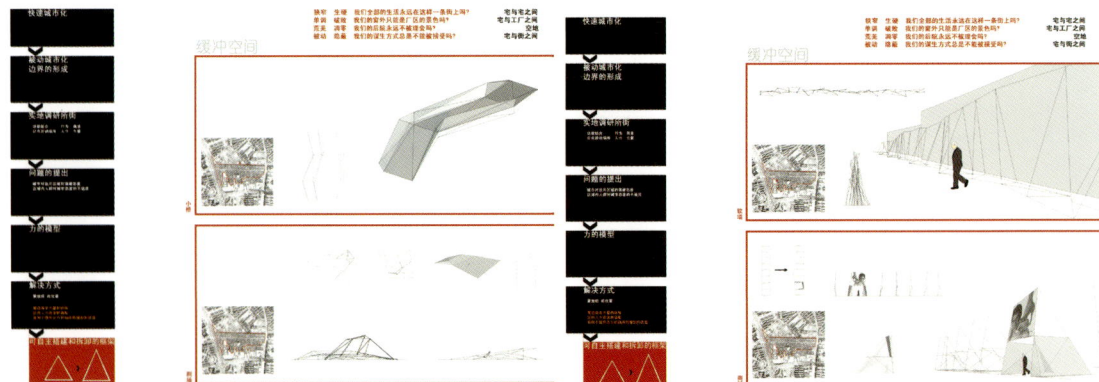

●●生成
缓冲空间
BUFFER ZONE
边界上力量的冲突　缓冲带的营造

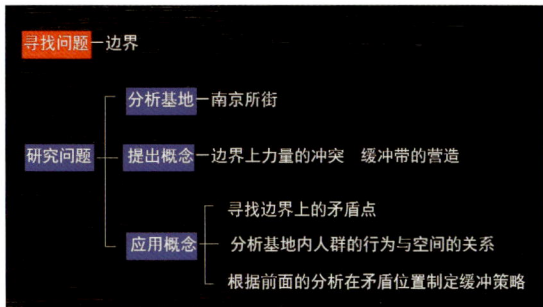

●●描述 设计

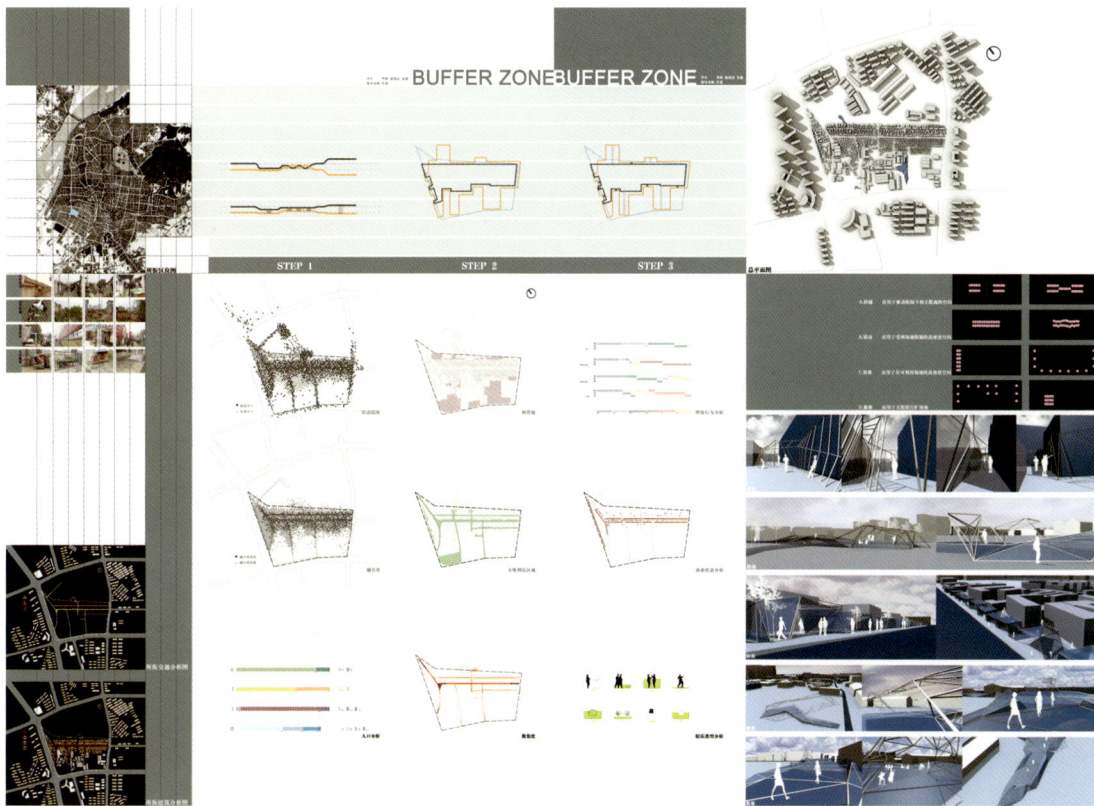

城市空间扩散中的 "吞噬" 与 "蛙跳" 现象
南京大学建筑学院
2007～2008 学年研究生概念设计考试题目

■□认识
□□

在世界城市化的过程中，城市空间扩散是主要的演变形式之一。在这个扩散过程中，大到整个城市功能区，小到个人的居住空间单元，城市中的各种要素都不断呈现出 "吞噬" 与 "蛙跳" 现象，这种现象正随着城市的发展不断循环发生。目前，我国正处于快速城市化发展阶段，这种现象尤为明显。通过对这种现象的分析和归纳，提出其演变的内在动力机制，从概念设计的角度提出对待这种现象的态度和办法，并将研究成果用形式语言表达出来。

进度

第一周——第三周：
场地调研与表达：Landscape Transformation
文本阅读：Text Reading
阶段汇报与研讨：Interim Presentation

第四周——第六周：
概念设计研究：Conceptual Design

第七周——第八周：
概念表达与设计答辩：Conceptual Transformation and Design Critic

成果要求
图纸（2～4 张）
模型
动画或 PowerPoint 演示等

出题人
叶强

第一组
●●○ 研究 评估 决策

2007 年 11 月 21 日

意向一： 从城市空间的集聚与扩散角度提出空间变化的可能性，研究其对城市空间发生、演变的影响，讨论未来城市发展的一种可能模式。

"插件城市"（Plug-in City）——"插件城市"提供了一个或若干个结构体系，包括交通和服务系统，巨构中的每一个单元可以像零件一样被替换，甚至是巨构本身。

"速成城市"（Instant City）——城市空间与建筑通过一种"临时性联系"建立，空间的集聚与扩散取决于触发这种"临时性联系"的具体事物，其对"吞噬"的适应能力以及与"蛙跳"内在机制在某种程度上的相似具有较大的研究价值。

"芯片城市"（Chip City）

"胶囊住宅"（Capsule House）

意向二：从时间与空间的对位关系考虑，传统建筑观念中空间与功能是绑定的，但是功能的使用状态不是恒定的，空间相对于时间的利用率因此也不恒定，空间浪费严重。如果城市空间被按照使用效率来即时分配，则城市空间的使用效率将达到最高。

"地下不夜城"（Underground City）——选取尺度较为完整，影响因素较为单一的城市地下空间进行深入研究，讨论空间效率最大化的可能。

"折叠城市"（Folding City）——空间折叠与展开的过程，体现了空间应对功能需求的变化，"超负荷空间"与"空余空间"不断结合，达到"空间灰度"的最终调和与平衡，此时空间利用率达到最大。

评议

你们现在已经产生的构思方向内容较有深度，我觉得A方向比较有意思，"插件"和"空间置换"的概念往下发展可能比较好，只是你们还没有将概念的内容再深化和丰富一些，你们再讨论一下吧。希望在近几天的时间内按照题目的进度和内容要求尽快完善构思的内容，最好能够有形象化的图形语言，等我们下星期讨论后再争取确定最后的方向。

2007 年 11 月 27 日

插件城市（Plug-in City） 速成城市（Instant City）
胶囊（The Capsule） 结构主义（Structuralism）

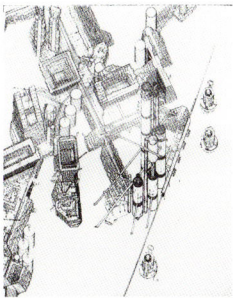

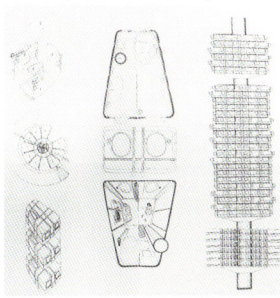

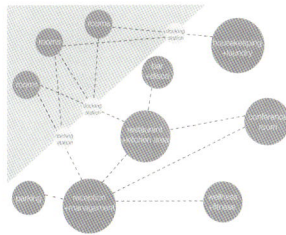

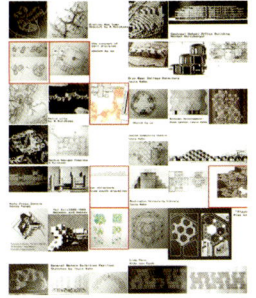

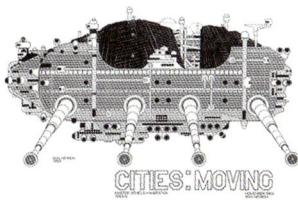

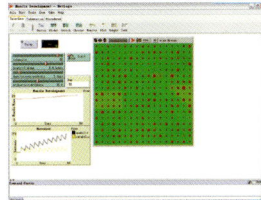

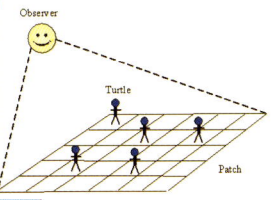

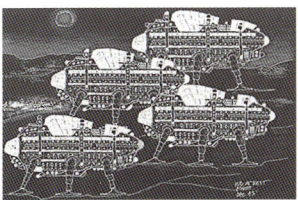

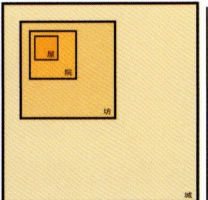

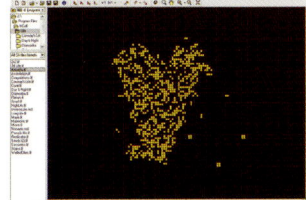

建筑电讯派（Archigram）
分形几何学

Netlogo：一个用于模拟自然和社会现象的可编程建模平台
元胞自动机(Cellular Automata)

2007 年 12 月 09 日

珠江路调研分析

尽管 IT 产业对珠江路的吞噬带动了整个江苏 IT 业的发展。但其吞噬的方式有诸多不合理之处，造成城市中心地段珍贵空间的浪费和城市继续发展的瓶颈。造成商家、消费者和城市发展三方面的低收益。我们试图从人的行为出发，研究城市发展的规律，得到电子电脑商业区空间分布与发展的最佳模式。设计原型结合"芯片城市"与"置换空间"的概念，结合珠江路电子产业的特性，对电子产品中的电路板进行研究，并由此发展出我们的城市建筑与空间形态。

迷宫

建筑学意义上的"迷宫"讨论：去掉限定性的封闭墙体，人的活动轨迹即抽象成流线，因为多次选择的存在出现了多种流线的可能；随之而来的是对空间的不同感受。结合本次课程设计，不同的岔路可看成提供多样的商业空间体验方式，同时也为以后的变化置换提供了可能。

将抽象出来的流线再还原成可能的空间限定，保留其基本的空间结构与流线关系，引入高差、尺度、方向等要素的变化，将会得到不同以往的变化。

作为原型的迷宫只强调其复杂多变的流线关系，在流线上的任何小小的空间变化，将会带来巨大的感知变化。

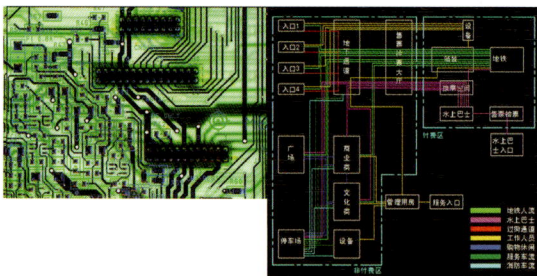

设计意向

我们希望在这一地块上会有若干大小不一的"芯片"空间，代表不同功能与属性的空间，同时若干的"排线"将其联系起来，"排线"的具体路径代表了人的行为方式与基本流线，芯片的模数化可以进行随意的插拔与替换，"排线"的路径同样可以根据需要改变与增减。

评议

你们这个阶段的工作做得比较深入，但遗憾的是没有第一次的那样有创意，对调查缺乏方法、目标和方向，对已经得到的资料缺乏分析、归纳和判断并上升到概念的过程，倒是有点像在做实际项目了。前面的调查与后面准备采取的方法缺乏内在的逻辑关系。后面的案例太简单了，应该难以支撑这个概念设计。好像没有看到那个新方法是如何应用的？

概念设计中"概念"的产生有一段研究、分析、归纳、判断和产生核心概念以及如何表达概念的完整过程，你们这个阶段的东西在这个方面都没有做得很好，你应该再看看我的上课内容中概念设计和日本设计竞赛解释的部分。

你们第一个阶段的想法很多也很好，不知道为什么这个阶段会产生这个问题，只能下次再沟通了。

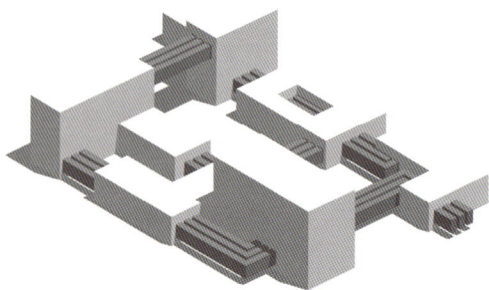

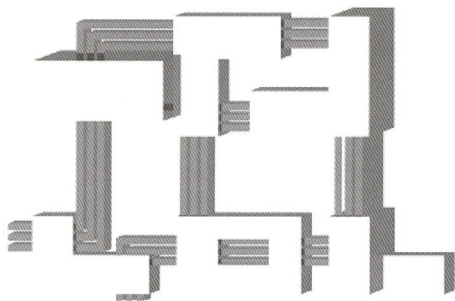

●● 生成
芯片城市
Chip City

●● 描述 设计
○○

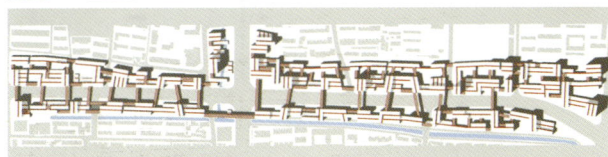

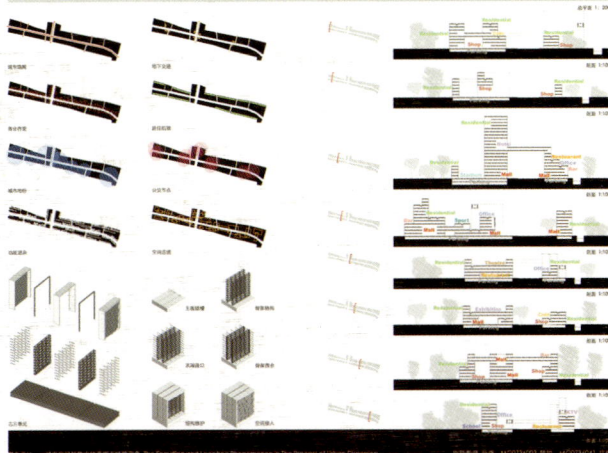

第二组

●○○研究 评估 决策

2007 年 11 月 21 日

意向一

从空间生产的政治经济学和福柯的权利空间理论，来探讨"蛙跳"和"吞噬"现象产生的原因及带来的影响。

列夫菲尔认为，空间不是观念的产物，它主要是政治经济的产物，是被生产之物，空间的组织和意义是社会变化、社会转型和社会经验的产物。资本主义正是通过不断的生产和再生产空间关系和全球空间经济才存活到 20 世纪。空间生产就如同任何商品生产一样，它是被策略性和政治性的生产出来的。

当北京一个正在兴建的交通要道被古老的大院挡住的时候，对空间的不同理解和争夺就出现了。开发商力图将这个空间理解为一个经济障碍，一个单纯的必须被拆除的空间障碍，而文化保护局则将这个大院理解为一个文明奇迹，理解为一种古老的生活方式和一种文化记忆。而这个空间的命运，是否会被新的空间类型所"吞噬"，就取决于争夺双方社会权力的大小。权力就通过对空间的控制来显示自身。

意向二

"移入"与"移出"旧城更新

在旧城区中，丰富的社会网络往往和破旧的物质环境并存。正是由于旧城区中充满浓郁的生活气息、亲切和睦的邻里关系，以及富有较强社会凝聚力的社会网络，使旧城在居民心中产生了物质条件所难以比拟的魅力，从而得以满足人们的精神需求。而诸多实例表明"蛙跳"这种在空间上大跨度的移动会破坏旧城中原有的邻里关系和社会网络，对于老城区中应予以保护的古城区，由于其"原真性"的要求，更不能轻易移动，因此在旧城更新过程中，"吞噬"将会成为其面临的主要问题。

如果无法避免，那么就应采取相应的措施，积极面对并通过控制其"吞噬"的方式，使其向积极的方向发展。这个"吞噬"的过程不是一个简单的建筑学问题，在更大意义上是一个社会学问题，我们希望从社会学的角度来分析该问题。城市的主体是人，因此我们决定以人的移动来作为控制其"吞噬"的手段，来实现旧城的更新和复兴。

评议

你们现在已经产生的两个意向的内容较有深度，只是你们还没有将内容进行抽象和概括，我觉得"空间的政治性"也是"蛙跳和吞噬"的主要原因之一，大卫　哈维（胡大平译）的《希望的空间》是这个方面最经典的著作，如果你准备往这个方面发展就去看看这本书。另外，空间的政治性的表达方式是一个难点，这是一个好方向，但对于你们这个年纪的人可能有些难度，你们一起讨论一下再说吧。希望在近几天的时间内按照题目的进度和内容要求尽快完善构思的内容，最好能够有形象化的图形语言，等我们下星期讨论后再争取确定最后的方向。

2007 年 11 月 27 日

空间的政治性之现象——空间结果

现象：

城管　拆迁　形象工程

房地产开发　领导视察　超市

最终形态会怎样？

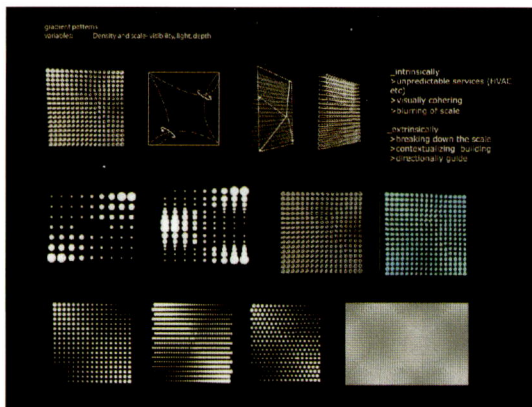

2007 年 12 月 09 日

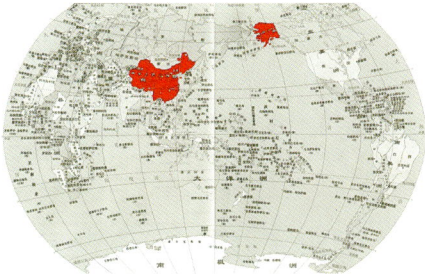

从家乐福超市的"蛙跳"和"吞噬"现象
看空间的政治性。

在国内外零售业产生的两级对垒的背后，也许
不光有着经济性的制约因素，可能还有着政治
方面的角逐。
大型超市世界范围的布点与政治经济中心的关
系。

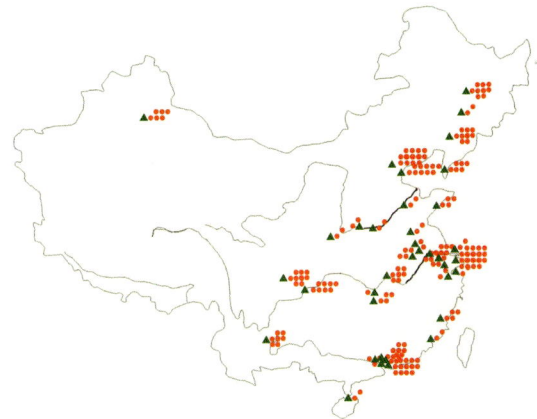

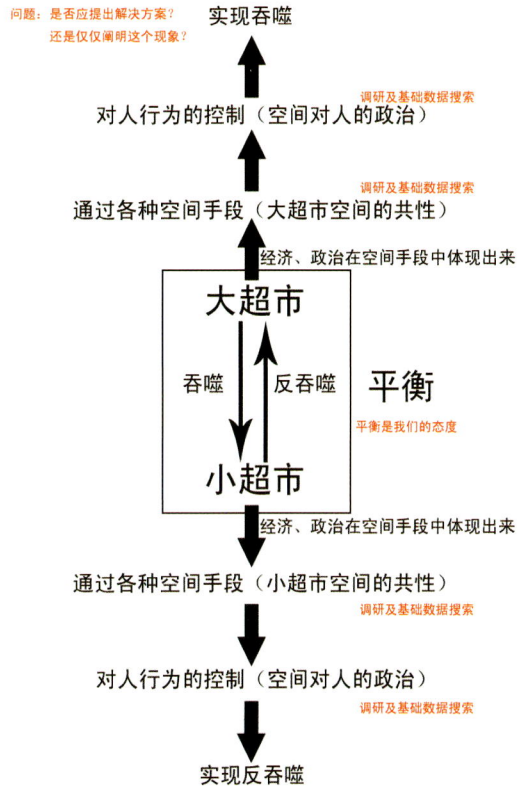

问题：是否应提出解决方案？　　　　**实现吞噬**
　　　　还是仅仅阐明这个现象？

　　　　　　　　　　　　　对人行为的控制（空间对人的政治）
　　　　　　　　　　　　　　　　　　　　调研及基础数据搜索

通过各种空间手段（大超市空间的共性）
　　　　　　　　　　　　　　　　　　　　调研及基础数据搜索

　　　　　　　　　经济、政治在空间手段中体现出来

大超市

　吞噬　反吞噬　**平衡**

　　　　　　　　　平衡是我们的态度

小超市

　　　　　　　　　经济、政治在空间手段中体现出来

通过各种空间手段（小超市空间的共性）
　　　　　　　　　　　　　　　　　　　　调研及基础数据搜索

对人行为的控制（空间对人的政治）
　　　　　　　　　　　　　　　　　　　　调研及基础数据搜索

实现反吞噬

评议

"空间的政治性"是"蛙跳和吞噬"的主要原因之一，我们国家体现得尤为明显，用商业空间可
以解释宏观的政治性问题，也就是国际政治性问题，其实上次我已经讲了很多东西，你可能没有
听懂和理解，可惜你的知识背景、结构和阅历可能难以驾驭这个论题，但实在是一个好内容。

"空间的政治性"如果想小一点范围的话，这一轮房地产的飞速发展和房价的飙升是最好的解释，
在这种发展过程中"蛙跳"和"吞噬"现象比比皆是。你们的这个方向是一个很好的方向，只要
表达的东西不犯政治错误就行，困难也坚持吧。

⠿ 生成
空间的政治性

⠿ 描述 设计

第三组

●○○研究 评估 决策

2007 年 11 月 21 日

意向三

跳高的青蛙

具有怎样特征的两只甚至更多的青蛙肯在垂直方向上进行交叠呢？在垂直方向上进行交叠的青蛙数量有上限吗？如果有，决定这个限制的因素在哪里呢？

意向四

温水煮青蛙效应。

意向一

找蛙行动

找到一只具体的"蛙"，深入分析其"前世今生"，并且，我们的初步设想是，在"蛙"的起跳地与落脚地分别设计一个或一组装置，表达我们对这只"蛙"所进行的这次"蛙跳"的态度，并且，要让在起跳地与落脚地生活的人们于我们的装置发生关系，以此帮助社会从"人民"的角度审视蛙跳。

意向二

最后的蛙

如果生活中的"蛙跳"同样会结束，最后一只蛙会在哪里呢？会是怎样的人呢？我们希望通过研究生活中的"蛙跳"，结合对信息化城市发展的认识，探寻"蛙跳"现象的归宿。

评议

很高兴你们能够按时、按质和规范地完成第一阶段的任务，这样会给你们后续的工作打下良好的基础。

你们现在已经产生的四个初步方向的内容较有深度，只是还没有将内容进行抽象和概括并形成具体的概念，我觉得前两个方向比后两个方向有新意一些。你们还要做进一步的深化再确定主要的研究方向。希望在近几天的时间内按照题目的进度和内容要求尽快完善构思的内容，最好能够有形象化的图形语言，等我们下星期讨论后再争取确定最后的方向。

2007 年 12 月 09 日

南大整合计划

环节一　北大楼改造计划

现实中，北大楼已经完全成为了一个符号，完全没有任何功能；我们计划，北大楼的样子不变，只是其材料改变为一种存储介质，它可以存储每个学生对他的诉说，同时，在浦口校区的校园内，设置很多接口，每个学生可以通过自己的学生卡刷一下卡，开始诉说，通过网络传输至北大楼的记忆体中；然后，学生回到鼓楼校区，哪怕是毕业许多年后，在北大楼旁轻轻刷卡，就可以听到自己曾经的倾诉……

环节二　校车改造计划

将校车当作一座行走的建筑来进行改造，提供更多形式的空间来满足乘车者各种的不同的需要，这座建筑中有自习室、有视听室、有健身房、有休息室甚至有游泳池、浴室；总之，一个人在校园里的五十分钟可以怎么度过，在这辆校车上就可以怎么度过；这样一来，往返两校之间的时间可以成为生活中的一个积极的因子，而不是一个消极的附属。

环节三　浦口校园改造计划

每个人，都可以申请在浦口得到一间"小屋"（小屋只是一个暂用名，最终结果可能是一个装置，一个空间或是一棵树）。

通过以上步骤，我们可以建立浦口到鼓楼、鼓楼到浦口的联系，并且解决了两者之间的交通问题，回应了校园"蛙跳"之后所带来的问题。需要补充解释的是，我们的方案更多的是建立由精神层面的联系达到物质层面的整合。而纯物质层面的联系，比如两校区学术资源共享之类的问题，我们认为是容易解决的，且不关乎问题本质的，更不必上升到"概念设计"的层面进行解决。

评议

你们这次的东西还可以，只是有点过于宏大了，还可以再点状化一些，继续扣题再进行一次抽丝剥茧的工作，从中找到核心的东西。我们的题目没有要求进行设计"大南大"的工作，只是要你去关心在城市发展的"蛙跳"与"吞噬"过程中，学校里最为被人忽视，而又非常重要的一点点东西就可以了，好像"校园小屋"的概念还有点意思，只是现在的内容还有点弱。

生成

空间数对——X大学整合计划

描述 设计

第四组
●●○○ 研究 评估 决策

2007 年 11 月 21 日

现代居住模式

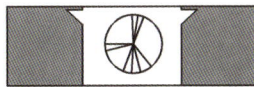

传统居住模式

意向一
城市居住社区的心理学研究

传统居住模式中固有的和谐融洽的邻里关系被现代居住模式带来的人情冷漠所"吞噬"。那么，如何"蛙跳"，或是需不需要"蛙跳"是我的研究重点。

意向二
城市户外空间的心理学研究

如果生活中的"蛙跳"同样会结束，最后一只蛙会在哪里呢？会是怎样的人呢？我们希望通过研究生活中的"蛙跳"，结合对信息化城市发展的认识，探寻"蛙跳"现象的归宿。

意向三
宗教、古建的合理"吞噬"

意向四
建筑交通盒（"建筑蛙跳"）

评议

你们现在已经产生的四个意向的内容较有深度，从人和人的心理的角度研究城市化和"吞噬、蛙跳"现象肯定是没有问题的，只是你们还没有将内容进行抽象和概括，另外，心理学的空间表达方式是一个难点，你们还要做进一步的深化再确定主要的研究方向吧。

2007 年 11 月 27 日

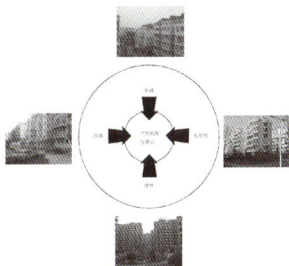

城市居住区的心理学研究
对于单体个性的关注
可供选择的居住模式

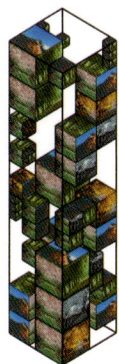

设计意向

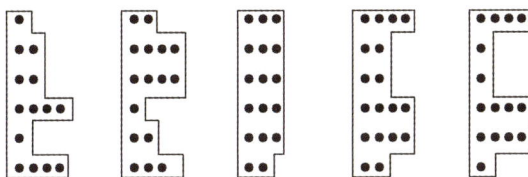

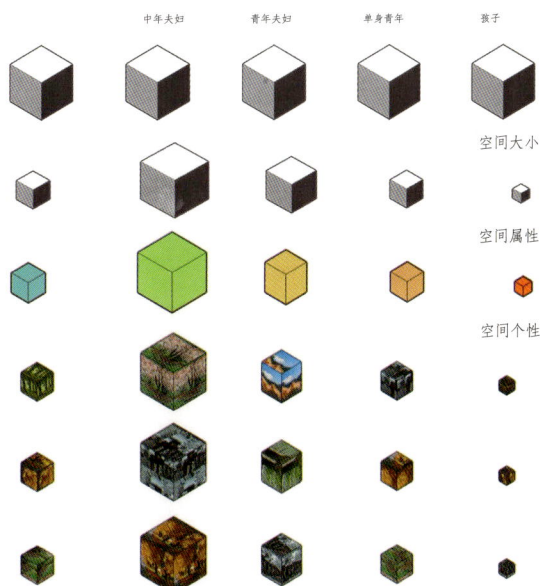

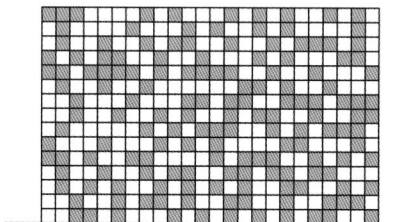

始于足下

2007 年 12 月 09 日

交流空间吞噬

发现问题：

行走城市间，几乎处处可见冷漠的人际关系。

传统的和谐人际关系在现代化的城市中已经变得罕见。

分析问题：社区中的人际冷漠如何产生。

传统人际关系依附于传统的建筑空间。

城市的快速发展使得许多传统建筑空间的消失，代之以大量千篇一律的高密度住宅。

交流的缺失来源于传统建筑空间的消失。

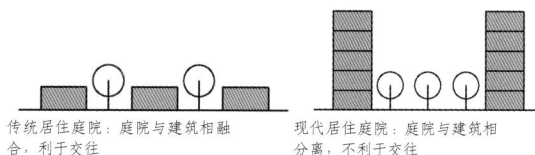

传统居住庭院：庭院与建筑相融合，利于交往　　现代居住庭院：庭院与建筑相分离，不利于交往

解决问题：

院落的产生是建筑围合的结果，不同的围合方式产生的院落有着不同的属性。

院落的产生同时不是建筑师规划的结果，而是人们在长期的生活过程中自发随机形成的。

提出概念：随机院落

将现代住宅区的外部空间打散，与住宅单元相渗透。利用居住单元与居住单元之间达到空中院落围合的过程。

通过现代化技术的运用，利用电脑控制单元房间的在特定轨道上滑动形成不同的外部庭院组合。而这个过程使得用户在房间随机移动组合的过程中，增加了接触不同人群的机会。用户的房间可自由移动到任何一处。

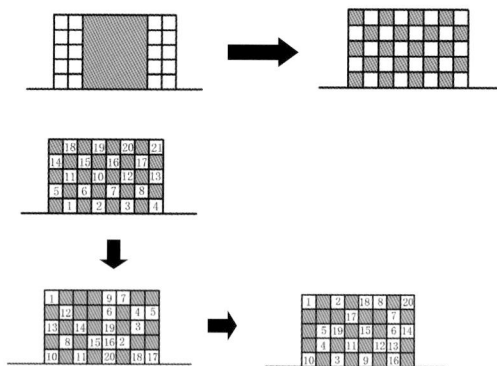

评议

你们从心理学的角度入手解决社会问题的想法很好，但目前的研究、方法和结论都比较陈旧，没有新意，更缺乏深度。

整个研究过程缺乏前后的逻辑关系，没有很好地扣题，也就是说有一点跑题。

感觉你们还没有很好地理解概念设计的内涵和方法。建议好好读一读有关的书籍，拓宽自己的知识面。

CONCEPTUAL DESIGN　SYMBIOSIS HOUSE 1
城市空间扩散中的"吞噬"与"蛙跳"现象研究

●●生成

共生住宅 SymbiosisHouse

●●描述 设计
○

CONCEPTUAL DESIGN　SYMBIOSIS HOUSE 2
城市空间扩散中的"吞噬"与"蛙跳"现象研究

第五组

●○○ 研究 评估 决策

2007年11月21日

意向一
媒体革命
玻璃、灯光在城市空间中的改造性利用。

意向二
失踪的道路
城市道路拓宽对老城肌理影响的解决方法：混合式道路。

意向三
绿色反击
绿色植物入侵城市建筑的外皮。

意向四
摩登原始城
城市建筑形态的自然化研究。

评议
你们现在已经产生的四个意向的内容较有深度但感觉还不是很理想，一开始的研究很有意思，只是没有将一开始的分析很好地坚持下去，后续的意向与前面的研究缺乏一致的逻辑关系，另外，你们还没有将内容进行抽象和概括，能否再按照前面的研究逻辑思路往下想象，再想一两个方向。

2007年11月27日

城市绿色交通探析
结合城市空间扩展中的"吞噬"和"蛙跳"现象，通过分析城市居民出行模式的变化，来解释人的行为模式在城市化过程中所扮演的角色。

出行目的影响居民的出行方式

城市辐射范围逐渐扩大，促使居民出行向多元化发展。

出行方式（目的）	私家车	出租车	公交车	地铁	助力车（自行车）	步行
上班	●	●	●●	●●	●●●●	●
上学	●		●●	●●	●●●●	●
购物	●		●●	●●	●●●	●
探亲访友	●	●●	●●●●●	●●		
娱乐	●●	●	●●●●	●●		
旅游	●●●	●	●●●●	●●		

出行距离影响居民的出行方式

出行距离是居民选择出行方式的主要因素。

出行方式（距离）	私家车	出租车	公交车	地铁	助力车（自行车）	步行
3km以内			●●	●●	●●●●●	●●●
3.1-5km			●●	●●	●●●●●	●●
5.1-10km	●	●	●●●	●●	●●●	
10.1-15km	●●	●	●●●●	●●		
15.1-20km	●●	●	●●●●	●●		
20km以上	●●	●	●●●●●	●●		

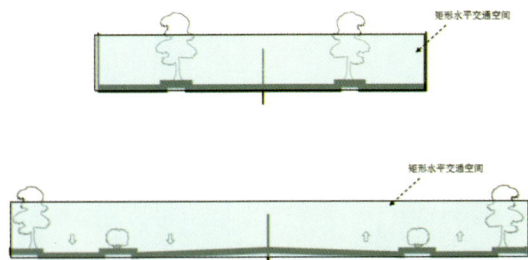

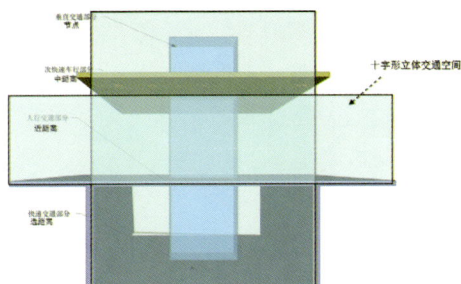

几种常见交通空间 　引入纵向的概念

2007 年 12 月 09 日

唤起的记忆
城市现代化进程中被吞噬文化遗产的重构。

提出问题
城市化过程中如何提高传统建筑文化遗产在城市生活中的地位，唤起人们对它的记忆？

解决问题
文化遗产的物质本体保护固然重要，但是从这一物质本体中提炼出的精神世界的丰富内涵更加重要，因为文化遗产保护不仅是给城市留存一些静态的历史见证物，而是仍需以崭新的形态参与到城市现代化进程中来，延续其物化载体的价值。

概念引入
脸谱：舞台脸谱是人们头脑中理念与观感的谐和统一。

面具：或许能掩饰什么，或许，它能改变什么如果给一个建筑戴上了面具，会……？

概念生成
光的折射：折射包含三种元素，物质 A，物质 B 和传播物质 C，在概念中可以代换成其他内容，比如文化，思维或者记忆。当物质 C 穿越界面 AB 时，发生了偏折，这种偏折并非完全地改变而是有一定程度错位，从而产生不一样的结果……

媒介：通过建筑的面具动态折射出建筑的历史变迁，摆脱弱势地位，从物质和精神层面上延续我们的城市文化甚至生活本身。

选择对象
鼓楼：被周围林立的高楼和穿梭的车流所围，淹没在城市的快速发展中，正在被世人所遗忘。

物化方案一：可伸缩的外膜，夜里能发出变换多彩的光，可按时间和季节变换色彩，重构鼓楼的时代功能性。

物化方案二：取自三棱镜的概念，三棱镜每个都可以独立旋转，三棱镜可以将光分解，变换出丰富多彩的形象。

物化方案三：这是一个基于人的感觉的折射空间，埋入鼓楼山体的下边，人们走进去后能体验到一种对真实错觉。

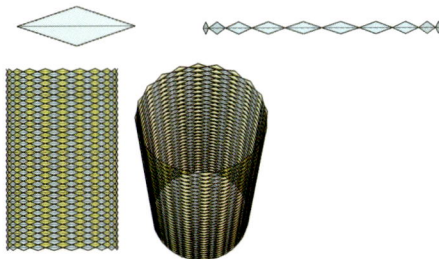

评议
你们这个阶段对前一次的方向进行了比较大的改动而且有进步，勇气可嘉。但看来概念设计课程的学习反映的是你们两个思维方式方面的一些问题，我认为这没有关系，总是会慢慢进步的。

在我们的城市发展过程中城市文化和记忆的消失是一个普遍的现象，也是一个永恒的题目，但也是一个老生常谈，容易落入俗套，你们应该努力去发现一些新角度和平常司空见惯，但你们却研究出来其实并非如此的城市、建筑或其他现象。

●● 生成
"1+1" 新社区

●○ 描述 设计

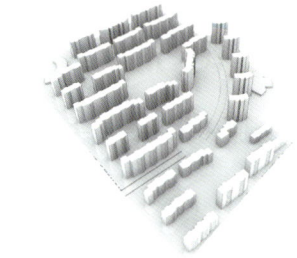

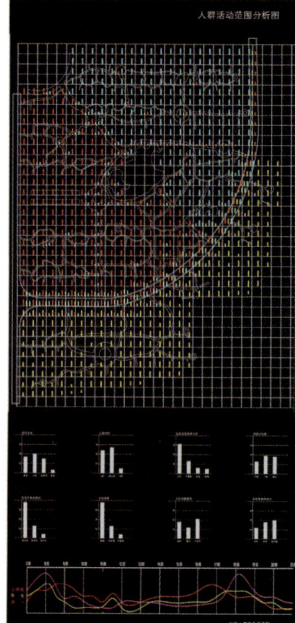

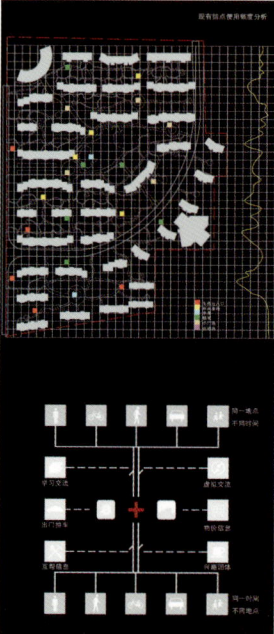

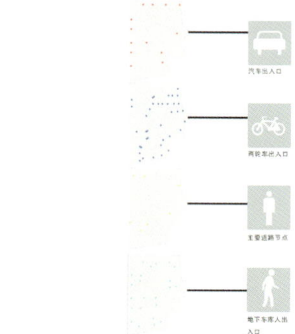

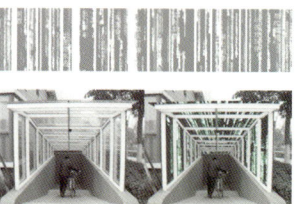

第六组
●○○研究 评估 决策

2007 年 11 月 21 日

玄武湖隧道

意向一

城墙（THE WALL）

南京城墙从明代建造开始，经历了两次主要的变迁，第一次是以 20 世纪 50 年代为主的破坏，第二次是 20 世纪 80 年代后的修建与保护。拆与建的过程也许可以理解为吞噬与反吞噬的过程，在这个过程中，势必出现了许多"蛙跳"现象，而且可能是两次完全矛盾的"蛙跳"。

意向二

停车空间（PARKING SPACE）

在市中心找一块基地，做好停车面积与其他使用面积的分析，特别是给行人行走与休息的空间，能够得到最大的扩张，在对停车空间的设置，大小容量等进行考察后提出更好的构想与概念，是否有更好的解决措施来使得停车空间与行人空间更好地融合。

意向三

文化设施（CULTURE INFRASTRUCTURE）

意向四

超密度（SUPER DENSITY）

Yona Friedman 空中城市

评议

你们现在已经产生的四个研究方向都较有深度，我觉得方向一、二、三的内容都可以往下发展，方向四的内容有点陈旧，我感觉"城墙"的方向比较有意思，但你们还没有将内容进行抽象和概括，我有一个概念想法可供你们参考，通过研究城墙在吞噬和蛙跳过程中扮演的角色和变化来解释文化在城市化进程中的现象，并通过这种现象来表达自己的观点。到底用哪个方向你们自己讨论后下星期见面再确定吧。希望在近几天的时间内按照题目的进度和内容要求尽快完善构思方案，将研究的内容抽象成为一个具体的概念，同时应该将概念的内涵也一起完善。

2007 年 11 月 27 日

城墙（THE WALL）

功能：防御　文化
空间：围城　孤岛
界面：内外　模糊
心理：进出　认同
时代：专制　自由

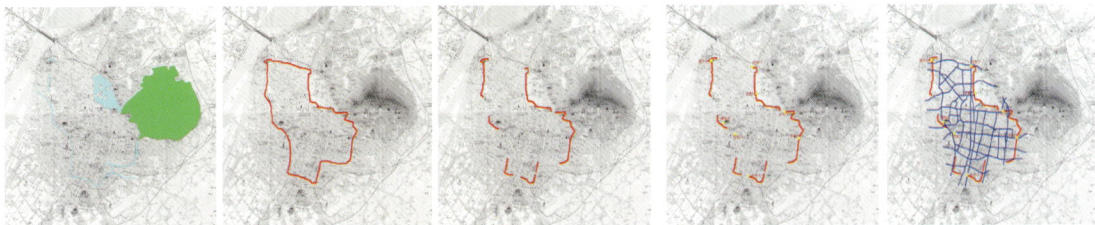

城市化进程中，城市突破城墙向外扩张的趋势不可避免。城墙从最初的城市边界变成城市内部的屏风最终被沁涌的城市化吞噬成为孤岛。

南京城墙从明代建造开始，经历了两次主要的变迁：

第一次是以 20 世纪 50 年代为主的破坏。

第二次是 20 世纪 80 年代后的修建与保护。

无论是建设性破坏还是文化性修复，我们都无法摆脱城市化需要与文化需求之间的矛盾。

跳墙

城墙虽然被保护，但人们还是无法和它亲热。能够登上城墙或者穿越城墙的出入口数量远远不能满足自由的需求。走上城墙后单调的活动也使得城墙变得没有生命力。

可是我们不再需要这样的限制，那是过去。

如果我们可以像鲤鱼一样跳跃。

那这堵墙从心理上便不再是我们的障碍。

城墙边上形成蛙跳式的公共空间。

包括垂直交通、休闲活动、展览、文化交流……

人们可以轻易地来往于墙的两边，穿梭于墙的上空或者下至墙上。墙上空间与新的公共空间连成一体，这里成为人们聚集的场所。

墙被重新定义，它不再是一个界定内外的分隔物。它汇集了城市公共活动，成了连接城市各区域的纽带。人们来往于墙上墙下，以新的身份与过去的墙产生关联。

已经死去的城墙获得再生，只是它不再冷漠。

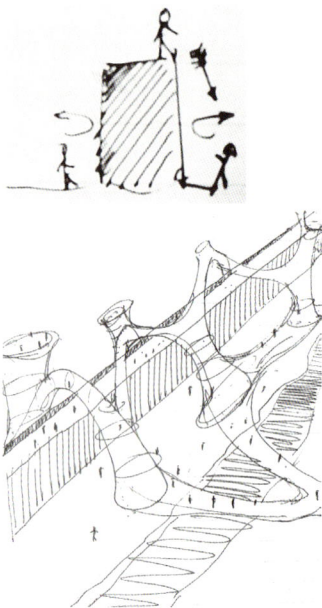

2007 年 12 月 09 日

城墙（THE WALL）

对现存城墙的认知

现存的城墙大多分布在山体和较大水体的一侧，如狮子山、石头山、紫金山、玄武湖、月牙湖等。没有自然屏障的地方被冲散，如北面中央门以西至狮子山几乎完全消失。

但城市是有记忆的，南京城墙是重要的肌理，人们为了保存记忆需要修复和再现肌理。

城墙的折与建体现了一对内在的主要矛盾，那就是城市发展的物理性要求与精神性要求的矛盾。如何在延续肌理的前提下解决这一对矛盾成为我们研究的主题。

取样研究

我们选最南边的中华门西侧缺失段作为我们的基地。这里有一段大约 300m 的缺失段，目前基地上原有的民宅已经被拆掉，即将把中华门西侧和西边的断头连接起来。我打算以这块基地为样本来讨论一些可能性。

我们设想，有没有可能将墙做成有弹性的，像一道格栅或者过滤网一样的东西，它是可以有选择性地让人在两边自由穿梭的，结合一些公共活动以及功能空间在内部和外部，彻底打破原来城墙的性质，同时在形体上和视觉上与原

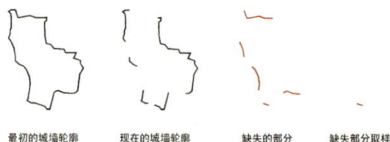

最初的城墙轮廓　　现在的城墙轮廓　　缺失的部分　　缺失部分取样

西长千里人活动分布情况

东长千里人活动分布情况

有城墙一起，帮助人们形成一个完整的城墙的认知。

这样它在功能上与城市发展以及现代人的新的要求不发生矛盾，在精神上也满足了人们对城墙的完整的认知。并且因为融合了公共功能，可以使得如今单一的城墙两边活动变得丰富和有节奏，比如在通过一段长长的线型景观之后，来到这个综合体，活动方式突然发生改变，可以从墙的这一侧穿到另一侧，也可以从内部上到城墙顶上，或者在新的"城墙"内部进行活动。

评议

你们的前两次的工作都比较好，但这次的没有延续以前的成绩，仅仅只是进行了一些比较表面的调研，也没有充分说明为什么要调查这个地方、他与你的前期构思和题目有什么样的内在关系。

生成
消解

问题－蛙跳与吞噬　　解题的切入点－南京城墙被吞噬的现状

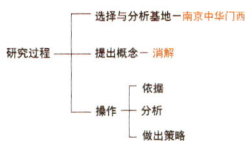

研究过程

选择与分析基地－南京中华门西

提出概念－消解

操作

依据
分析
做出策略

描述 设计

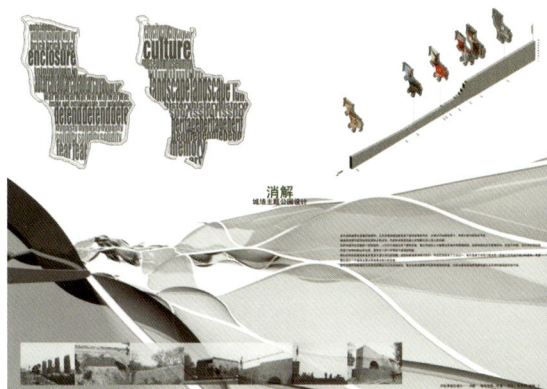

消解
城墙主题公园设计

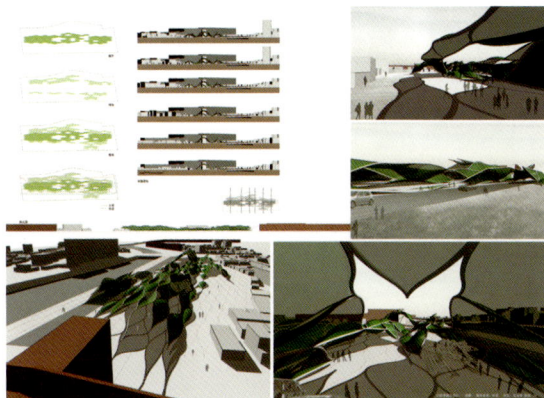

第七组

●●○研究 评估 决策

2007 年 11 月 21 日

意向一

虚拟现实技术对建筑和城市的影响

信息技术的发展，使传统的住宅、商业空间产生重大变革，假使虚拟技术极度成熟，我们的城市将会变成什么景象，住宅将成为城市的核心，因为其功能将整合办公、休憩等，而城市则更加成为一个公共空间主导的交往的场所，一个巨大的"景观"。本方向将探讨虚拟世界如何与具体的物质城市之间的相互作用与相互影响。人们的生活可虚拟的最大程度可以到达什么层次，虚拟时空在何种程度可以取代现实的物质世界？

意向二

轨道之城 （公共交通）

当前中国城市发展的一个突出问题是交通问题，原因在于滞后的交通设施已远远不能满足不断增长的交通量。城市中心区的交通拥堵已经使城市中心区的价值大大折减。大力发展城市公共交通是改善这一状况的有效手段，其中轨道交通（轻轨、地铁，城际铁路）以其准时迅捷的突出优点，将得到极大的发展。本方向探讨，基于城市轨道交通的城市和建筑模式将如何变化发展。

意向三

超链接城市

融合信息技术对城市的影响、轨道交通的发展、公共空间的最大化等方面，提出一种可能的城市模式。

其他意向

城市作为文本、数据库（网络信息技术概念对城市的启示）

最大化公共空间 / 公共空间的异化与再生

可移动城市 moveable city

桥城 / 立体城市

评议

你们现在已经产生的三个意向的内容都较有特点，特别是在信息时代，网络已经成为不可或缺的东西，通过建立在物质基础上的虚拟来表现了一种虚拟的物质世界，这或许是解决物质世界中一些不可解释现象的最好途径之一，也是当前人们从心理上逃避吞噬但有可以不蛙跳的方法之一。我也觉得第三个方向还可以，只是还要深化，同时还要避免研究的扩大化，通过深入研究一点就行了。另外，网络城市的空间表达方式是一个难点，我不知道你们的计算机和软件应用基础如何。

2007 年 11 月 27 日

概念的阐释

蛙之死——网络对蛙跳的消解与重构

网络技术对 "蛙" 的双重作用：支持与取消

由于网络的存在，新社会中的所有信息均以一种二元模式来展开运作：亦即在多媒体通信系统中"出现"抑或"消失"。惟有在这个整合系统中"出现"，信息才能够广泛交流并最终达到社会化的目的。可以毫不夸张地说，从社会发展的角度看，以网络信息技术为基础的通信才是真正的通信。网络彻底改变了人类生活的基本向度——空间和时间，它以崭新的面貌出现在世人的面前。

蛙之重生

自然界的网

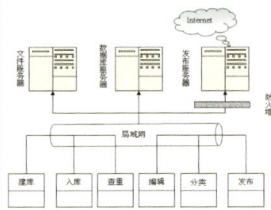

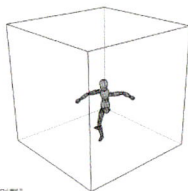
"电子别墅"

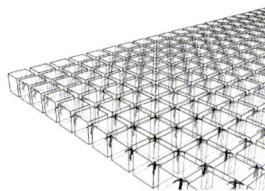

图式初步表达

网络建构了崭新的社会形态，而在现实世界中，网络化逻辑的扩展已改变了生产、经验、权力和文化进程中的操作与结果。尽管社会组织的网络形式已经存在于其他时空形态之中，但新型的信息技术范式却为其无孔不入地渗入整个社会结构提供了物质基础。网络化逻辑会导致重大的社会影响，而这种利益恰恰是通过网络表现出来的：流动的权力优先于权力的流动。

流动空间的图式表达

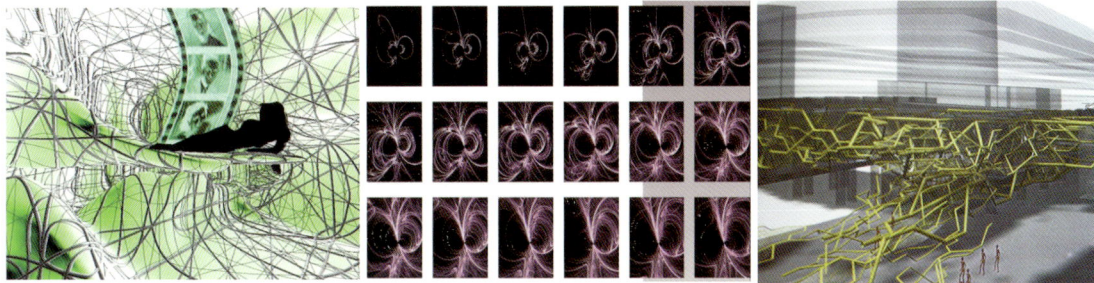

评议

你这个阶段的东西说实在的我有些看不懂，既不知道你想干什么，也不知道你为什么这样想，不知道他们相互之间以及与题目之间的逻辑关系，也不知道哪些是你做的，哪些是别人的东西，你把别人的东西放在你的东西里面是想说明什么？我认为你这个阶段的进展有较大的问题。

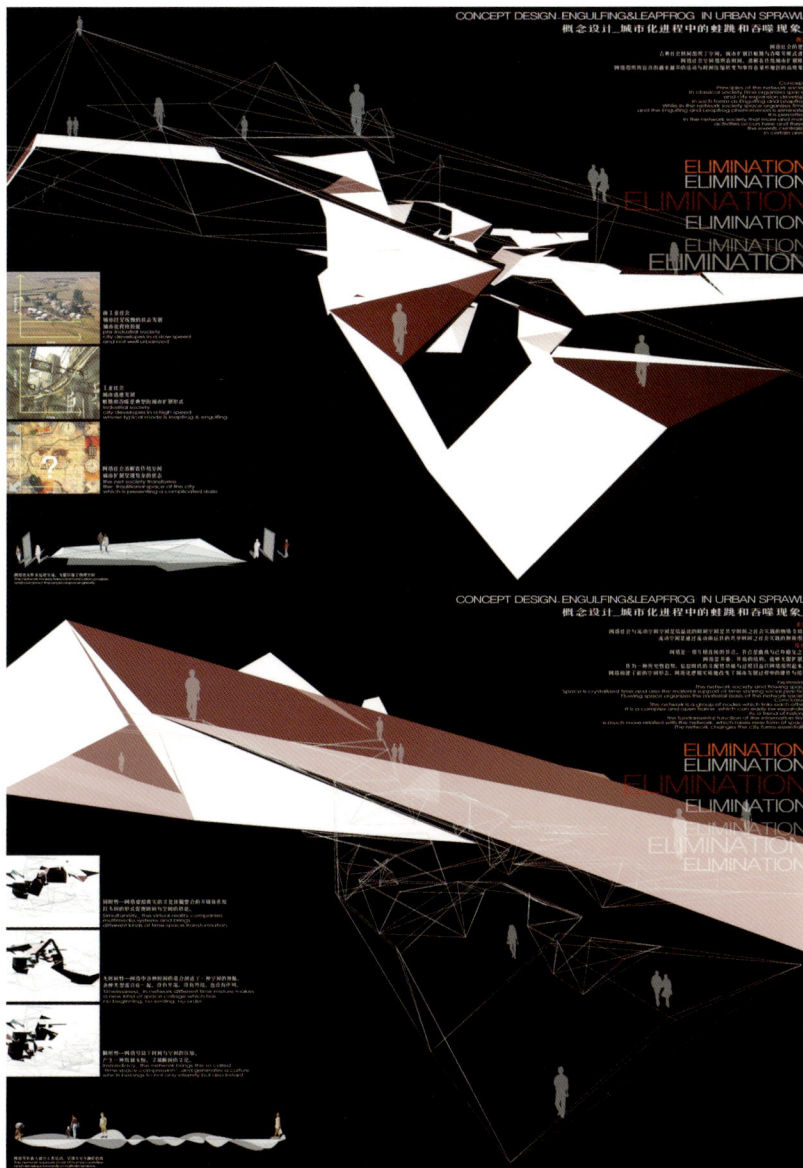

◉◉ 生成
Elimination

**网络技术
对"蛙跳／吞噬"
的消解**

◉◉描述 设计
◉○

图片来源

1.http://qhbk.qhkunlun.com   59.http://jandan.net/2011/06/20

2.http://www.wormfans.com   60.http://skyscraperpage.com

3.http://www.expo2010.org.cn   61.http://news.house365.com

4.http://photo.zhulong.com   62.http://news.house365.com

5.http://photo.zhulong.com   63.http://soufun.com

6.http://knowledge.diku.com   64.http://soufun.com

7.http://www.worldshow.cn   65.http://newhouse.cs.soufun.com

8.http://www.worldshow.cn   66.http://newhouse.cs.soufun.com

9.http://www.worldshow.cn   67.http://newhouse.cs.soufun.com

10.http://www.worldshow.cn   68.http://1pz1.haofz.com

11.http://www.sj33.cn   69.http://1pz1.haofz.com

12.http://www.sj33.cn   70.http://1pz1.haofz.com

13.http://www.sj33.cn   71.http://newhouse.cs.soufun.com

14.http://net4info.de   72.http://newhouse.cs.soufun.com

15.http://net4info.de   73.http://newhouse.cs.soufun.com

16.http://news.ccd.com.cn   74.http://1pz1.haofz.com

17.http://news.ccd.com.cn   75.http://1pz1.haofz.com

18.http://tieba.baidu.com   76.http://www.turenscape.com

19.http://tieba.baidu.com   77.http://www.turenscape.com

20.http://tour.cinews.net   78.http://www.turenscape.com

21.http://tour.cinews.net   79.http://www.turenscape.com

22.http://zh.wikipedia.org/wiki/   80.http://www.turenscape.com

23.http://zh.wikipedia.org/wiki/   81.http://www.turenscape.com

24.http://news.1vren.cn   82.http://www.turenscape.com

25.http://paralympic.beijing2008.cn   83.http://skyscraperpage.com

26.http://paralympic.beijing2008.cn   84.http://skyscraperpage.com

27.http://paralympic.beijing2008.cn   85.http://www.gooood.hk

28.http://news.sh.soufun.com   86.http://www.gooood.hk

29.http://news.sh.soufun.com   87.http://www.gooood.hk

30.http://news.sh.soufun.com   88.http://www.gooood.hk

31.http://news.sh.soufun.com   89.http://www.gooood.hk

32.http://www.fjcc.edu.cn   90.http://www.zhongguosyzs.com

33.http://www.pinggu.com   91.http://www.zhongguosyzs.com

34.http://forum.home.news.cn   92.http://www.zhongguosyzs.com

35.罗小未，外国近代建筑史[M].北京：中国建筑工业出版社，2004:145.   93.http://www.zhongguosyzs.com

36.张京祥，西方城市规划思想史纲[M].南京：东南大学出版社，2005:97.   94.http://www.gooood.hk

37.罗小未，外国近代建筑史[M].北京：中国建筑工业出版社，2004:176.   95.http://www.gooood.hk

38.罗小未，外国近代建筑史[M].北京：中国建筑工业出版社，2004:177.   96.http://www.gooood.hk

39.罗小未，外国近代建筑史[M].北京：中国建筑工业出版社，2004:177.   97.http://skyscraperpage.com

40.罗小未，外国近代建筑史[M].北京：中国建筑工业出版社，2004:178.   98.http://gardens.m6699.com

41.罗小未，外国近代建筑史[M].北京：中国建筑工业出版社，2004:181.   99.http://gardens.m6699.com

42.http://www.scn-garden.com   100.http://www.nipic.com

43.http://skyscraperpage.com/   101.http://www.nipic.com

44.http://www.scn-garden.com   102.http://www.nipic.com

45.http://www.expo2010.cn   103.http://www.nipic.com

46.http://blog.qz828.com   104.彭一刚，中国古典园林分析[M].北京：中国建筑工业出版社，1986:82

47.http://www.expo2010.cn   105.彭一刚，中国古典园林分析[M].北京：中国建筑工业出版社，1986:76

48.http://www.expo2010.cn   106.http://www.chinabaike.com

49.http://www.ycwb.com   107.http://www.kailv.com

50.http://photo.blog.sina.com.cn   108.http://imgsou.com

51.http://news.zhulong.com   109.http://imgsou.com

52.http://www.gaoloumi.com   110.http://imgsou.com

53.http://www.ybsy.gov.cn   111.http://www.ailyw.com

54.http://www.yccbd.com   112.http://www.ailyw.com

55.http://house.ifeng.com   113.http://www.ailyw.com

56.http://jandan.net/2011/06/20   114.http://www.ailyw.com

57.http://jandan.net/2011/06/20   115.彭一刚，中国古典园林分析[M].北京：中国建筑工业出版社，1986:132

58.http://jandan.net/2011/06/20   116.彭一刚，中国古典园林分析[M].北京：中国建筑工业出版社，1986:132

117. 彭一刚，中国古典园林分析 [M]. 北京：中国建筑工业出版社 ,1986:87　　158.http://www.cnr.cn

118. 彭一刚，中国古典园林分析 [M]. 北京：中国建筑工业出版社 ,1986:122　　159.http://bbs.iyaxin.com

119,http://www.nipic.com　　176.http://baike.baidu.com

120.http://www.nipic.com　　160.http://ent.163.com

121.http://www.nipic.com　　161.http://ent.163.com

122.http://www.sunshuwei.com　　162.http://tieba.baidu.com

123.http://auto.sina.com.cn　　163.http://www.hunantv.com

124.http://auto.sina.com.cn　　164.http://baike.baidu.com

125.http://reviews.cnmo.com　　165.http://baike.baidu.com

126.http://reviews.cnmo.com　　166.http://www.iqilu.com

127.http://www.pcworld.com.cn　　167.http://news.sohu.com

128.http://wondrouspics.com　　168.http://www.ccdy.cn

129.http://wondrouspics.com　　169.http://www.ufanju.com

130.http://www.studio7.com.cn　　170.http://www.ufanju.com

131.http://zhangjie627416.blog.163.com　　171.http://cq.qq.com

132.http://zhangjie627416.blog.163.com/　　172.http://shop.zhuokearts.com

133.http://cms.sg.com.cn　　173.http://baike.baidu.com

134.http://www.china.com.cn　　174.http://baike.baidu.com

135.http://www.iskong.com　　175.http://baike.baidu.com

136.http://vr.theatre.ntu.edu.tw　　176.http://baike.baidu.com

137.http://mahoo.com.cn　　177.http://365jia.cn

138.http://u.i163.ca　　178.http://365jia.cn/news

139.http://xshzshy.blog.163.com　　179.http://www.expo2010.org.cn

140.http://www.nipic.com　　180.http://net4info.de

141.http://www.plcsky.com　　181.http://news.sohu.com

142.http://143950.html.blog.voc.com.cn　　182.http://cms.sg.com.cn

143.http://www.sfs-cn.com　　183.http://movie.douban.com

144.http://www.plcsky.com　　184.http://news.house365.com

145.http://jjleiliquan.blog.163.com　　185.http://soufun.com

146.http://www.esgweb.net　　186.http://www.china.com.cn

147.http://yindoo.com.cn　　187.http://www.yccbd.com

148.http://movie.douban.com　　188.http://www.iqilu.com

149.http://www.plcsky.com　　189.http://paralympic.beijing2008.cn

150.http://movie.douban.com　　190.http://baike.baidu.com

151.http://zcrb.zcwin.com　　191.http://news.sh.soufun.com

152.http://movie.douban.com　　192.http://news.sh.soufun.com

153.http://www.kuuboo.com　　193.http://www.turenscape.com

154.http://roll.sohu.com　　194.http://blog.qz828.com

155.http://book.douban.com　　195.http://movie.douban.com

156.http://news.sina.com.cn　　196.http://1pz1.haofz.com

157.http://news.sina.com.cn　　197.http://1pz1.haofz.com

参考文献
REFERENCES

[1] 张恩宏，思维与思维方式 [M]．哈尔滨：黑龙江科学技术出版社，1987：52～53．

[2] 西利亚 卢瑞（英），消费文化 [M]．张萍译，南京：南京大学出版社，2003：44～45．

[3] 赵总宽等．现代逻辑方法论 [M]．北京：中国人民大学出版社，1998.10：：28～30．

[4] 周礼全．论概念发展的两个主要阶段 [M]．北京：科学出版社，1957.8：46～47．

[5] 芮杏文、戚昌滋．实用创造学与方法论 [M]．北京：中国建筑工业出版社，1985：74．

[6] 陈宗明，逻辑与语言表达 [M]．上海：上海人民出版社，1984.3：2～3．

[7] 陈宗明，逻辑与语言表达 [M]．上海：上海人民出版社，1984.3：30～31．

[8] 刘敦桢，中国古代建筑史 [M]．北京：中国建筑工业出版社，1980.10：8～9．

[9] 陶国富．创造心理学 [M]．上海：立信会计出版社，2002：11．

[10] 赵鑫珊．建筑是首哲理诗 [M]．天津：百花文艺出版社，1998：550～551．

后记
POATSCRIPT

感谢身处不东不西的区域，让我鼓起了完成《概念设计》一书的勇气，用敢为天下先的精神做出了一个超越我的资历和能力的事情。我是一个希望与众不同的人，其实从大学时代开始就是如此，只是当时不清楚要做到与众不同，除了勇气和毅力以外还需要基础和资历。2004年的一次国际竞赛获奖经历让我这么多年来的坚持得到了回报，也让我对设计产生了些许顿悟的感觉。

感谢今年骄阳似火的天气，让我享受了完成《概念设计》最好的天时，用宅在家里的一段时间换来了痛并快乐着的成果。我是一个对时间很敬畏的人，时间是衡量所有人和事物价值和意义永远不变的分母，对于任何人来说，在这个世界上很难找到比时间更公平的东西了。虽然有这个二代和那个二代的概念之说，常人依然可以通过用时间来换取自己希望的东西，来证明自己的价值和意义。

感谢一些任劳任怨的朋友，让我拥有了完成《概念设计》最好的人和，用一份真诚换来了许多朋友的支持和理解。我是一个喜欢共同快乐的人，在这样一个炎炎的夏日，与一帮大大小小、男男女女一起，共度了许许多多的日日夜夜，希望他们不计较我的唠唠叨叨，得到的是与我一样的快快乐乐。聂承锋、陈娜老师，李林、黄鹤鸣、王敏、易江、靳凤娟、朱红、周慧、胡赞英、吴梦怡、张菡、鞠拓文、谭怡恬、廖敏清、鲁禅、江冬梅、莫茜茜、王引超、钟炽新、杨恒、欧阳樱同学，这本书的出版也是你们辛勤劳动的成果。

尊敬的鲍家声教授、赵辰教授和丁沃沃教授，感谢你们对我一直以来的帮助和支持，你们是我永远的老师。

叶强

2011年9月于长沙

图书在版编目（CIP）数据

概念设计/叶强著. —北京：中国建筑工业出版社，
2011.10
ISBN 978-7-112-13724-4

Ⅰ.①概… Ⅱ.①叶… Ⅲ.①建筑设计 Ⅳ.①TU2

中国版本图书馆CIP数据核字（2011）第226033号

责任编辑：陈　桦
责任校对：王誉欣　王雪竹

概念设计
叶强　著
*
中国建筑工业出版社出版、发行（北京西郊百万庄）
各地新华书店、建筑书店经销
北京嘉泰利德公司制版
北京富诚彩色印刷有限公司印刷
*
开本：880×1230毫米　1/16　印张：10　字数：286千字
2012年1月第一版　2018年5月第二次印刷
定价：69.00元
ISBN 978-7-112-13724-4
　　（21503）